ANNE KRÜGER

Besser kommunizieren mit dem Hund

Die **HarmoniLogie** Methode der Schäferin aus Funk und Fernsehen

UNTER MITARBEIT VON WILFRIED GROSSE-BERG
MIT FOTOS VON ANGELA KRAFT

ANNE KRÜGER

Besser kommunizieren mit dem Hund

Die **HarmoniLogie** Methode der Schäferin aus Funk und Fernsehen

Anne Krüger ganz persönlich

1

Eine Beziehung wie keine

2

Menschenwelten – Hundewelten

3

Die Basics der HarmoniLogie

4

Sprechen Sie mit Ihrem Hund!

Dieses Buch will mehr sein als ein herkömmlicher Ratgeber: Wir fordern Hundebesitzer und solche, die es werden wollen, auf, ihr Verhältnis zum Vierbeiner zu überdenken. Wir wollen Ihnen Denkanstöße geben und Wege und Möglichkeiten aufzeigen, wie Sie leicht, freundlich und ohne Kraftaufwand, also einfach besser mit einem Hund kommunizieren können.

Wir – das sind die Schäferin, Tierwirtschaftsmeisterin und Tiertrainerin Anne Krüger und der Journalist und Kommunikationsexperte Wilfried Große-Berg. Anne Krüger ist in 20 Jahren professioneller Arbeit mit Hunden und Pferden einer Vielzahl von Problemfällen begegnet und hat mit ihrer Methode der HarmoniLogie außergewöhnliche und aufsehenerregende Lösungen für die Kommunikation von Mensch und Hund entwickelt. Als Tiertrainerin ist sie international bekannt und gefragt. Ihre spektakulären Tiershows sind das Highlight vieler großer und renommierter Veranstaltungen.

Co-Autor Wilfried Große-Berg hat das Potenzial und die Möglichkeiten der HarmoniLogie als Hundehalter praxisnah kennengelernt und ist davon überzeugt, dass wir nicht allein im Umgang mit unseren Hunden, sondern generell von dieser Methode und Form des Miteinander profitieren können.

Auf den nächsten Seiten erwartet Sie eine etwas andere Auseinandersetzung mit dem Verhältnis Mensch und Tier. Eine klare, gleichzeitig einfache Sichtweise, die auf dem direkten Gespräch mit dem Tier beruht. Die HarmoniLogie verzichtet aufs Kräftemessen, herrisches Zerren an der Leine ist passé. Im Mittelpunkt stehen Kommunikationsformen, wie sie bei Tieren üblich sind und ursprünglich auch bei uns üblich waren, bevor das direkte Gespräch durch Telefon, Fax, E-Mail und SMS ersetzt wurde. Die Erfahrung zeigt, dass viele Besitzer ihren Liebling zu sehr vermenschlichen oder sich »verhundlichen«.

In diesem Buch erfahren Sie Schritt für Schritt, wie man sich einem Hund kommunikativ nähert. Hunde sind zum echten Gespräch fähig, und dazu müssen sie nicht mit Leckerchen animiert werden. Wer einmal miterlebt hat, wie man respektvoll, freundlich und entspannt mit Hunden umgehen kann – das gilt für jährlich viele Hundert Teilnehmer an Annes Krügers Trainingskursen –, ist von der HarmoniLogie begeistert. Die HarmoniLogie ist eine Erziehungsmethode, die keine besonderen Rahmenbedingungen braucht. Sie kann jederzeit und überall eingeübt und fortgeführt werden.

In diesem Sinne wünschen wir Ihnen ein gutes Gespräch mit Ihrem Hund.

Anne Krüger ganz persönlich

Kapitel 1 DAS LEBEN ALS SCHÄFERIN UND VOR ALLEM DIE STÄNDIGE NÄHE IHRER HUNDE HABEN ANNE KRÜGER ENTSCHEIDEND GEPRÄGT.

Wie alles begann

Wie spricht man mit den Tieren? Wer den Werdegang von Anne Krüger und ihre langjährige Arbeit mit Hunden kennt, kann die Ursprünge und die Entwicklung ihres HarmoniLogie-Konzepts besser verstehen. Wie ist sie dazu gekommen, in dieser ganz eigenen, direkten, sanften und vertrauensvollen Weise mit Tieren umzugehen und mit ihnen so überaus erfolgreich zu kommunizieren? Anne Krüger begegnet jedem Tier mit Respekt. Dazu kommt eine außergewöhnliche Beobachtungsgabe, die sie im täglichen Umgang mit Hunden und den anderen Tieren auf ihrem Bauernhof nutzt, um von ihnen zu lernen. Mit diesem Talent hat sie schon früh Hunde für andere Schäfer ausgebildet – bevor sie dann ihre besondere Art der Kommunikation zur eigenen Methode entwickelte.

Die Schäferei und die Hunde: Das ist mein Leben!

Von Jugend an stand für Anne Krüger fest, dass in ihrem Leben Tiere eine wichtige und bestimmende Rolle spielen würden.

Mehr als 500 Schafe und ein Dutzend Hunde

Von Haus aus bin ich ein Stadtkind. Für Tiere habe ich mich aber schon immer begeistert. Über den Weg zur Tiermedizin stellte ich fest, wie wunderbar das Leben mit gesunden Tieren ist. Kurz vor Studienbeginn stand für mich daher die Entscheidung fest, und ich ging direkt in die Landwirtschaft und zur Schäferei. Natürlich war das am Anfang alles sehr bescheiden, doch ich war mit Hunden zusammen – und das zählte! Heute bewirtschafte ich zusammen mit meiner Familie einen ökologischen Schäfereibetrieb mit der größten und – wie ich es sehe – schönsten Scottish-Blackface-Herde Deutschlands: ein Bauernhof mit mehr als 500 Schafen, etlichen Rindern, Gänsen, Enten, Pferden und selbstverständlich immer mindestens einem guten Dutzend Hunden.

Ohne Hunde geht es nicht

Das Leben als Schäferin hat mich in den letzten zwei Jahrzehnten entscheidend geprägt, vor allen Dingen das Leben mit den Hunden. Sie sind meine »Mitarbeiter«, nur durch ihre Kooperationsbereitschaft und ihre Leistung kann unser Betrieb überhaupt bestehen. Und nur durch die unermüdliche Arbeit meiner Hunde kann ich die Schafherden gezielt führen – an jedem Tag und bei jedem Wetter.

20 Jahre mit Hunden. Mein immer waches Interesse an den Hunden gab letztlich auch den Impuls, mich mit dem Team »Mensch und Hund« intensiver auseinanderzusetzen. Im Prinzip war das die Geburtsstunde der HarmoniLogie und ihrer Trainingsmethode. Mit den Übungen und Lernzielen der HarmoniLogie ist die praxisbezogene Erziehung des Familienhundes ebenso gut und erfolgreich möglich wie eine Schulung im Bereich des Hundesports oder die professionelle Ausbildung von Diensthunden. Meine Arbeit mit Hunden und ihren Haltern in den vergangenen 20 Jahren hat gezeigt, dass für ein erfolgreiches Miteinander von Mensch und Hund zwei Punkte unverzichtbar sind: der gegenseitige Respekt und ein enormes Maß an Disziplin. Im Verlauf meiner Tätigkeit ist mir aber zunehmend bewusster geworden, dass viele Menschen mit diesen Begriffen kaum mehr etwas anfangen und zwangsläufig auch gar nicht mit ihnen umgehen können.

> Im Miteinander von Mensch und Hund sind zwei Dinge wichtig: Disziplin und gegenseitiger Respekt.

Die Trends in der Hundeausbildung

Wie groß das Defizit vieler Hundebesitzer ist, wenn es um die Erziehung ihrer Tiere geht, machen die unzähligen Hundeschulen und die zahlreichen Tiersendungen im Fernsehen deutlich. Hier versucht man sich möglichst sofort wirksame Hilfe für die täglichen Problemfälle der Hundehaltung zu holen. Die rege Nachfrage hat dazu geführt, dass die Kreativität in der Hundeausbildung speziell in den letzten Jahrzehnten keine Grenzen mehr kennt und immer neue Trends und Methoden aus dem Boden schießen. Doch die meisten Wege funktionieren nach dem gleichen Schema über Leckerchen und die Konditionierung des Hundes. Selbst handgreifliche Methoden werden leider immer noch gelehrt.

Die Tiere zeigen uns, wie es geht

Um die aktuellen Methoden der Hundeerziehung zu verstehen, lohnt sich der Blick auf die menschliche Pädagogik: Hier ging die Entwicklung von der Erziehung mit dem Rohrstock bis hin zum antiautoritären Laisserfaire. Dabei beeinflusste das analytische und interpretative Denken und Handeln die pädagogischen und psychologischen Hintergründe der Menschen sehr. Die Ursachenforschung fragte mehr und mehr: *Warum* macht jemand etwas – und nicht mehr: *Wie* kann man es steuern und damit besser machen. Eine angemessene Erziehung findet kaum noch statt. Auf den Umgang mit Tieren übertragen, sind beide Erziehungsrichtungen – die mit dem Knüppel und die ohne jede Grenzziehung – wenig erfolgreich.

Die Tiere haben es da untereinander leichter. Vielleicht weil sie unmittelbar aufeinander angewiesen sind und nicht anders als in der gegenwärtigen Situation und im direkten Gespräch kommunizieren können. Die Schafe beispielsweise werden häufig als dumm bezeichnet, doch sie verfügen über eine enorm ausgeprägte Hierarchie und ein perfekt organisiertes Familienleben. Und trotz ihrer begrenzten Mimik und der eingeschränkten Lautsprache gehen sie vertrauensvoll und mit Respekt miteinander um, leben friedlich zusammen und erziehen auch ihren Nachwuchs nach diesen Regeln.

Die Höflichkeit des Rudellebens. Bei den Hunden ist das Zusammenleben noch differenzierter, weil ihnen ihre ausgeprägte Mimik und Gestik eine wesentlich komplexere Kommunikation erlaubt. Auf unserem Anwesen leben die Hunde gemeinsam im Rudel. Seit über 20 Jahren habe ich das große Glück, dieses Rudel beobachten und hautnah miterleben zu dürfen. Die feine und höfliche Art, mit der unsere Hunde miteinander umgehen, beeindruckt mich heute noch genauso wie am ersten Tag. Auch die Hunde erziehen ihre Nachkommen mit viel Gespür, ohne übermäßig auf sie einzuwirken oder sie für gutes Benehmen zu belohnen.

In der Natur ist alles einfach

Ich habe das große Glück, mein Leben mit Tieren teilen zu dürfen und bin ständig in ihrer Nähe. So kann ich immer wieder bewundernd miterleben, wie gut die Erziehung und der Respekt im Umgang miteinander funktionieren und wie sehr das Sozialleben von Disziplin, aber auch verbindlichen Regeln geprägt wird. Diese Einsichten und dieses Wissen möchte ich weitergeben, in der Hoffnung, dass viele Mensch-Tier-Teams zu einer echten Partnerschaft finden.

Die Schäferei und die hohe Kunst des Respekts

Mein Alltag als Schäferin bringt mich den unterschiedlichsten Tieren so nah, wie es sonst kaum möglich ist. Als Schäferin bin ich ständig der Natur und ihren Gesetzen ausgeliefert. Ich genieße ihre wundervollen Seiten ebenso unmittelbar, wie ich ihre Strenge und Härte ertragen muss. Mein bodenständiger Beruf hat mich gelehrt, die Einfachheit und Klarheit der Dinge zu erkennen und die Regeln der Natur ohne Wenn und Aber zu akzeptieren. Die Arbeit mit den Schafen gehört zu den ursprünglichsten Tätigkeiten überhaupt. Und eben diese Ursprünglichkeit hat mir geholfen, die Elemente und Begriffe der HarmoniLogie zu entwickeln. Man kann sich die Schäferei als eine im besten Fall erfolgreiche Dreiecksbeziehung vorstellen. Dabei gibt es drei Elemente, die miteinander umgehen und voneinander abhängen: der Schäfer, die Hunde und die Herde. Wenn ich mit der Herde arbeite, gebe ich meinen Hunden Informationen, die sie an die Schafe weitergeben sollen. Bei 500 Schafen bin ich nicht in der Lage, die nötigen Informationen der Herde direkt mitzuteilen. Ich sage also meinen Hunden, was sie den Schafen sagen sollen. Das Raubtier Hund kann sich bei den Schafen mehr Respekt verschaffen und ist besser ausgerüstet als ich. Voraussetzung ist allerdings, dass ich eine gute und respektvolle Verbindung zu meinen Hunden aufbaue, sie schule und kontrollierbar mache.

Die Hunde sind mein Sprachrohr

Ich bringe den Hunden die Sprachsignale bei, die ich brauche, um die Schafherde zu lenken. Ich kann meine Hunde im und gegen den Uhrzeigersinn um die Herde dirigieren, sie an jeder gewünschten Position stoppen und sie bitten, von dort aus so viel Druck auf die Schafe aufzubauen, bis sich die Herde in Bewegung setzt.

Anne Krüger inmitten ihrer Schafherde. Ein langer Arbeitstag geht zu Ende. Ohne die Hilfe ihrer Hunde wäre es für die Schäferin kaum möglich, die 500-köpfige Herde zu lenken.

Verständigung auf Distanz. Das Ganze findet an kleinen oder auch großen Herden, über wenige Meter, aber auch auf kilometerweite Distanzen statt. Eine Arbeit, die immer wieder aufs Neue fasziniert! Dabei muss ich in der Lage sein, die Schafe zu »lesen«, also rechtzeitig zu erkennen, was sie im Schilde führen und wie ich sie am besten dirigieren kann. Auch gegenüber den Schafen ist Respekt die Grundlage für gutes Verständnis. Schließlich setze ich die einzelnen Komponenten zusammen. Erst wenn die Verbindung von mir zu den Hunden, von den Hunden zur Herde und umgekehrt gleich stark und belastbar ist, kann die Arbeit Erfolg haben. Im Grunde ist es nichts anderes als die Darbietung eines Raubtierdompteurs, allerdings mit lebender Beute und im echten Leben.

Nur wenn die Verständigung mit dem Hund reibungslos klappt, kann man erfolgreich arbeiten.

Das Jagdverhalten der Hütehunde

Meine Beobachtungen habe ich nicht an Wölfen in freier Wildbahn gemacht, sondern an den Hütehunden auf unserem Bauernhof. Wölfe agieren absolut selbstständig, sie leben und überleben durch die Jagd. Unsere Hunde verdienen sich den Lebensunterhalt durch ihre Mitarbeit an den Schafherden. Was bei Wölfen echte Jagd mit allen Risiken ist, beschränkt sich bei den Hunden auf bestimmte Verhaltensmuster aus dem Funktionskreis Jagen, ohne dass es dabei zum Beutemachen kommt. Bei beiden jedoch, Wolf wie Hütehund, kommt es zur Triebentladung. Dass ich vom Jagdverhalten der Hütehunde spreche, klingt sicher erstaunlich. Das liegt aber am irreführenden Gebrauch des Begriffs »Hüten«, das nichts mit »Behüten« zu tun hat, sondern ein gezieltes Jagdverhalten ist, das erst durch Ausbildung gesteuert werden kann. Unsere Hunde erleben es jeden Tag unter extremer körperlicher Auslastung – ganz ähnlich wie die Tiere in der Wildnis.

Der Schlüssel zum Erfolg

Der erfolgreiche Dialog mit dem Hund liegt im Verständnis für die Methode der Sprache. Es hat schon viele Versuche gegeben, die Sprache der Tiere zu imitieren oder sich quasi wie ein Hund zu verhalten. Dabei ist immer wieder die Rede vom Alphatier Mensch. Doch schon diese Einschätzung führt uns direkt in eine Sackgasse. Die Methode der HarmoniLogie transportiert nicht die Sprache der Tiere und interpretiert sie auch nicht, sie transportiert vielmehr die Methode dieser Sprache, also die Technik, die Tiere benutzen, wenn sie Informationen untereinander austauschen wollen. Wir Menschen benutzen die Sprache in gewissem Umfang ebenso wie die Tiere. Erst diese Methode markiert letztlich den Beginn jeglichen Gesprächs. Gelernt habe ich das von den Hunden, aber auch von Schafen, Pferden und Kühen. Meine größten Lehrmeister waren Laddi, Hope und Snap, drei meiner Haupthunde, die ihr »Wissen« gemeinsam mit den anderen an mich weitergegeben haben.

Für eine echte Partnerschaft

Dieses Geschenk gebe ich gerne als Einladung an Sie, liebe Leser, weiter. Es ist mein Ziel und mein Wunsch, möglichst viele Mensch-Tier-Teams zur echten Partnerschaft und einem harmonischen Miteinander zu führen.

Die Triebfeder der Hütehunde ist ihr Jagdinstinkt. Er befähigt sie zu körperlichen und geistigen Höchstleistungen. Voll motivierte Hunde wie dieser Border Collie sind das Resultat der HarmoniLogie.

Eine Beziehung wie keine

Kapitel 2 FAIRNESS UND RESPEKT VOR DER PERSÖNLICHKEIT DES HUNDES BILDEN DIE GRUNDLAGE EINER ERFOLGREICHEN PARTNERSCHAFT.

»Man kann ohne Hunde leben, aber es lohnt nicht.«

Harmonie beginnt im Kopf. Ein Musikstück gefällt, weil Melodie, Rhythmus und der Einsatz der Instrumente stimmen. Dieses Bild passt auch gut für die HarmoniLogie. Doch bis die Beziehung zwischen Mensch und Hund leicht und angenehm »klingt«, ist viel Übung erforderlich. Wer bislang nur schiefe Töne auf der Flöte produzieren konnte, sollte bereit sein, sich auch Kritik anzuhören. Der Musiker legt sein Instrument zur Seite, der Hundehalter kann das nicht. Dass er es mit einem Lebewesen zu tun hat, wird leider nur zu häufig und leichtfertig übersehen. Die HarmoniLogie beginnt mit der richtigen Einstellung im Kopf. Und es geht um die Verantwortung für ein Tier. Wir wollen deshalb einen Blick aufs »Notenlesen« werfen und zeigen, was zwischen den Zeilen steht.

Hunde zu halten, ist auch eine Frage der Ethik

Wer sich mit Tierhaltung auseinandersetzt, wird zwangsläufig mit einer sehr elementaren Frage konfrontiert: Was berechtigt uns, Tiere zu besitzen und Tiere nach unseren Vorstellungen zu halten? Die möglichen Antworten auf diese Frage sind vielschichtig, aber sie bilden auch die Grundlage für eine bessere Haltung, Erziehung und Ausbildung.

Dürfen wir eigentlich Tiere besitzen?

Bei der Frage nach der angemessenen und artgerechten Tierhaltung geht es um mehr als eine Form der Erziehung. Hier soll grundsätzlich der herkömmliche Umgang mit Tieren deutlich gemacht werden. Unter diesem Aspekt versteht sich die HarmoniLogie nicht nur als Praxishilfe für den Problemfall, sie bezieht vielmehr das Verständnis für das Tier, für seine Haltungs- und Lebensbedingungen mit ein. In Auswahl der Tiere, in Aufzucht, Haltung und im Management stecken häufig genug eine Vielzahl von Fehlerquellen. Die meisten dieser Fehler und Fehleinschätzungen resultieren aus der besonderen Sichtweise, mit der wir Menschen die Tiere sehen. Die HarmoniLogie klammert diesen wichtigen Punkt nicht aus, sondern stellt hier durchaus auch unbequeme Fragen. Ich möchte Sie durch die Einbeziehung ethischer Aspekte einladen, den Hund an Ihrer Seite in einer anderen Wirklichkeit wahrzunehmen.

Ein Leben in meiner Hand

In meiner Schäferei gibt es viele Tiere. Wir führen einen Betrieb mit fast 500 Mutterschafen. Das bedeutet, dass wir während eines Jahres mehr als 1250 Tiere betreuen. Außerdem haben wir ein paar Kühe, Pferde, Ziegen, Enten und Hühner. Dazu kommt noch ein kleiner Hofladen, in dem wir vornehmlich Fleisch verkaufen. Jede Woche wird für diesen Direktverkauf frisch geschlachtet, was für uns bedeutet, dass wir jede Woche entscheiden müssen, welches Tier diesen Weg gehen soll. Für mich sind unsere Schafe nicht einfach nur Schafe. Die Herde ist aus sechs Tieren entstanden, und ich habe eine emotionale Verbindung zu den meisten Tieren. Aber als Schäferin muss ich regelmäßig über Leben und Tod entscheiden: Welches Schaf kommt zum Schlachter, welches darf weiterleben? Das macht mir meinen Beruf teilweise schon sehr schwer.

> Die meisten Fehler im Umgang mit Tieren resultieren aus der eigenbezogenen Sichtweise des Menschen.

Vor allem Fairness

Das Leben als Schäferin ist für mich der stete Versuch, fair mit meinen Tieren umzugehen und ihnen ein hohes Maß an Lebensqualität zu bieten, damit die Gefangenschaft, in der wir sie halten, erträglich und nicht allzu spürbar ist. Bei Nutzvieh lässt sich dieses Ziel erreichen: Es ist relativ einfach, Schafe in einer Herde zu betreuen, die ein hohes Maß an Freiheit auf der grünen Wiese genießt und in der jedes Tier seine Mütterlichkeit erleben und ausleben darf. Zwar lebt die Herde auf einer eingezäunten Weide, dennoch aber in Freiheit und in intakten Familienverbänden.

Die Einsamkeit der Haustiere

Bei Haustieren sieht es mit den Haltungs- und Lebensbedingungen leider schon ganz anders aus als bei Nutztieren. Die Katze auf dem Dorf oder am Stadtrand, die nicht ihr gesamtes Leben im 4. Stock eines Mietshauses fristen muss, hat es noch vergleichsweise gut getroffen: Sie kann ins Freie, ihrer eigenen Wege gehen und ihren Jagdinstinkt vorm Mauseloch befriedigen. Die Stubenvögel im Käfig dagegen trifft es schlimmer. Ich darf gar nicht daran denken, dass überall in den Wildnissen der Erde Singvögel gefangen werden, nur damit sie in winzigen vergitterten Gefängnissen aus lauter Einsamkeit singen, um damit ihre Besitzer zu erfreuen ...

Einzelhaft für Herdentiere. Die meisten Pferdehalter verdrängen völlig, dass ihre Tiere zum Leben in der Herde und nicht in einer Höhle geboren sind. 23 Stunden des Tages steht das Herdentier Pferd alleine in seiner Box, in einer Unterkunft, die in Relation zur Körpergröße nicht größer ist als ein Käfig in der Legehennenbatterie. Das Pferd kann stehen, sich hinlegen und gerade noch um die eigene Achse drehen. Punkt. Nach 23 Stunden permanenter Verfügbarkeit kommt es dann in die Reithalle – nichts anderes als der Freigang in einem Gefängnishof – und wird eine Stunde lang bewegt. Ist der Zweibeiner auf seinem Rücken fertig, gibt es einen Leckerbissen für gute Führung, und dann hat der Häftling wieder 23 Stunden Zeit, um sich zu überlegen, auf welchem Bein er stehen will. Und das lebenslänglich! Gott sei Dank setzt bei vielen Pferdeleuten ein Umdenken ein. Die Haltungsbedingungen beginnen sich zu verbessern und werden artgerechter.

Leben wie ein Hund. In der Welt der Hunde sieht es oft auch nicht viel besser aus: In der Tierschutzverordnung steht, dass ein Hund auf einer Fläche von mindestens 6 m^2 gehalten werden muss. Immerhin ist das deutlich mehr als der Lebensraum, den man einem Menschenkind zugesteht. Das sind nämlich gerade einmal 2,5 m^2.

Es ist aber völlig egal, ob ein Hund auf 6 oder auf 80 m^2 eingesperrt wird: Einzelhaft bleibt Einzelhaft, und eingesperrt ist eingesperrt. Der Dackel aus der Dreizimmerwohnung mit 80 m^2 und Garten darf seinen 90-Kilo-Herrn zweimal täglich durch den benachbarten Stadtpark ziehen – das Highlight im Leben des Dachshundes. Der Schäferhund hat einmal pro Woche Schutzdienst-Schulung. Da kann er dann mit Beuteobjekten spielen und seine Glückshormone freisetzen, ähnlich wie wir es tun, wenn wir Schokolade essen. Für einen vierbeinigen Agility-Sportler gibt es zwei wöchentliche Sessions, wo er sich ungebremst und kollektiv in Rage bellen darf, während der Schlittenhund sein ekstatisches Gebell ertönen lässt, ohne dass er angeblich keinen Schlitten zieht.

Es gibt Jagdhunde, die im schlechtesten Fall untrainiert zur Jagd mitgenommen werden, und es gibt Hütehunde, die ohne gezielte Ausbildung die Arbeit an der Herde zu ernst nehmen und wegen ihres starken Beutetriebs und mangelnder Ausbildung mit abgefeilten

Zähnen ihr Leben fristen. Und dann gibt es noch den Sofahund, der vor Verfettung die Einsamkeit vergisst, und den unerzogenen Familienhund, der die unerzogenen Kinder erträgt wie das Schulpferd den lästig klopfenden Schenkel des unbeholfenen Reitschülers. Eines haben alle diese bedauernswerten Geschöpfe gemeinsam: Sie sind enorm leidensfähig und ertragen vieles und über lange Zeit. Das macht ihre Situation aber nicht besser.

Von Tierliebe und sogenannten Tierfreunden

Mit den deutlichen Worten zum Leben der Haustiere im Allgemeinen und zum Hund im Speziellen möchte ich Ihnen bewusst machen, was es bedeutet, Verantwortung für Tiere zu übernehmen. Das Wissen um ihre Bedürfnisse ist ein unverzichtbarer Baustein für den harmonischen Umgang und ein wichtiger Schritt zur HarmoniLogie. Fast jeder Hund und fast jedes Pferd ist in der Lage, ohne den Menschen zu überleben. Wir halten die Tiere in Gegangenschaft, aber wir nennen es Tierliebe. Was uns nicht davon abhält, gleichzeitig vehement gegen die Haltung von Versuchstieren zu Felde zu ziehen. Es ist eine Frage der Perspektive und ein Spiel mit den Wirklichkeiten, die man wahrhaben möchte.
Bei vielen Menschen reicht Tierliebe bis zu ihrem Hund, aber nicht weiter. Nicht bis zur Katze, die in Panik vor eben diesem Hund flüchtet, nicht bis zum Hasen und nicht zum tragenden Reh, das dem Verfolger vielleicht noch glücklich entkommt, aber seine Kitze nur tot zur Welt bringt. Müsste der eigene Hund derartige Todesängste durchstehen, würde so manchen Halter der Schlag treffen. Als ein wildernder Hund in unsere Schafherde eindrang, die vor den Lammungen stand, verendeten 25 Tiere, zwei Drittel der Herde irrte verstört in den Bergen und Wäldern umher, und zahllose Totgeburten waren die Spätfolgen. Selbst drei Monate später versetzte die schlichte Anwesenheit eines Hundes die Tiere noch in Panik. Die Besitzerin des wildernden Hundes sah diese Wirklichkeit nicht, für sie bestand das Problem nur darin, ihren Hund auf den Leckerchenbeutel zu konditionieren. Mein Entsetzen verstand sie überhaupt nicht. Es waren doch nur Schafe …
Sie wollen einen Hund? Dann fragen Sie sich bitte: Was ist das für ein Tier, das bei mir leben soll? Wie kann ich es artgerecht halten? Und was muss ich tun, damit es den Aufenthalt bei mir nicht als Gefangenschaft, sondern als Gastlichkeit erlebt?

Ablenkungen durch andere Tiere oder Futter lassen sich mithilfe der HarmoniLogie leicht kontrollieren.

Was muss ich über Hunde wissen?

Ein Hund kommt ins Haus. Jetzt wird es konkret: Sie haben das Für und Wider der Hundehaltung abgewogen und sich Gedanken darüber gemacht, wie Sie verantwortungsvoll und fürsorglich mit einem neuen, tierischen Lebensbegleiter umgehen müssen. Bevor wir hier jetzt in die Tiefe gehen und wissenswerte und interessante Hintergründe beleuchten und in der Folge die Basics und Methoden der HarmoniLogie vorstellen, sollten zuerst einige sehr praktische und alltagsbezogene Punkte und Fragen erörtert werden. Unabhängig davon müssen Sie sich als künftiger Hundehalter darüber im Klaren sein, dass Sie mit dem Votum für den Hund eine Entscheidung treffen, die Ihr bisheriges Leben verändern wird und weitreichende Kompromisse von Ihnen verlangt – und das über viele Jahre.

Stationen der Zuchtgeschichte und die Wahl des richtigen Hundes

Für den reibungslosen und harmonischen Umgang mit einem Hund ist es entscheidend, welche Veranlagungen und individuellen Begabungen er mitbringt. Das sind in der Regel genetisch beeinflusste Faktoren, unabhängig von seiner ganz eigenen »Chemie«, die sein Wesen entscheidend prägt.

Jeder Hund ist eine eigenständige Persönlichkeit

Die HarmoniLogie gibt dem Hundehalter in spe die Kriterien an die Hand, die ihm die Auswahl des Hundes erleichtern. Dabei spielen die häuslichen Haltungsbedingungen, das Wesen und die Veranlagung des Hundes und nicht zuletzt das »Händchen« des Menschen im Umgang mit Tieren eine wesentliche Rolle und bestimmen auch den Erfolg oder Misserfolg von Erziehung und Ausbildung mit.

Sympathie alleine reicht nicht

Mit einem Hund teilen Sie die kommenden 15, 18 oder gar 20 Jahre. Deshalb darf die Kaufentscheidung niemals aus einer spontanen Laune heraus oder aus purer Sympathie erfolgen. Möglichkeiten und Wege, an einen Hund zu kommen, gibt es viele. Für den Hundeneuling und Erstbesitzer ist sicher der ruhige und ältere Hund die richtige Wahl. Er kennt die Menschen, ist ausgebildet und lehrt seinen neuen Herrn ganz sachte und unaufdringlich, das Leben mit dem wunderbaren Wesen Hund zu verstehen. Es kann aber auch gerne ein Mischling sein, der, wenn er im Alter von zwei Jahren ausgewachsen ist, sein Interieur zu präsentieren weiß. Ein großes Risiko gehen Sie hier selten ein.

Die Auswahl. Ob Rassehund oder Mischling, jeder Hund ist ein Individuum, und das Profil dieser eigenständigen Persönlichkeit muss bei Beurteilung und Auswahl unbedingt berücksichtigt werden. Rassehunde haben eine Zuchtgeschichte. Die zweckgebundene Züchtung bestimmte den Ursprung und die Entwicklung der einzelnen Rassen. Bei der Wahl Ihres Hundes können Sie sich an den verschiedenen Rassegruppen orientieren und so eine erste, wenn auch noch grobe Vorentscheidung treffen, bevor Sie sich schließlich eingehender über Herkunft, Historie, Veranlagung, körperliche Merkmale und Wesen einzelner Tiere informieren.

> Die Entscheidung für den Hund darf niemals aus einer spontanen Laune heraus getroffen werden.

Der Phänotyp. Das äußere Erscheinungsbild eines Lebewesens bezeichnet man als Phänotyp. Bei den Hundeartigen *(Caniden)* erlaubt der Phänotyp eine Aussage über Körpergröße, Haarkleid, Kopfform und Fellfarbe, aber auch über Bemuskelung und Knochenbau.

CHECKLISTE

Bin ich ein Hundemensch?

- Ein Hund erfordert viel Zeit und Zuwendung – etwa so viel wie ein Kind. Können Sie ihm das bieten?
- Er lebt für 15 oder mehr Jahre in Ihrer Familie. Sind alle Familienmitglieder damit einverstanden?
- Er will körperlich und geistig gefordert werden. Und das tagtäglich. Sind Sie dazu in der Lage?
- Gassigehen auch bei schlechtem Wetter, Haare und Schmutz in der Wohnung. Ist das ein Problem?
- Manche Ihrer Freunde und Bekannten mögen keine Hunde und bleiben auf Distanz. Akzeptieren Sie das?
- Urlaub mit Hund ist nicht überall möglich. Machen Sie bei der Ferienplanung Kompromisse?
- Neben Kaufpreis und Ausstattung kostet ein Hund ca. 1000 Euro im Jahr. Ist das okay für Sie?
- Leiden Sie oder ein Familienmitglied unter Hundehaarallergie? Im Zweifel schafft ein Allergietest Klarheit.

Der Genotyp. Der Genotyp stellt die Gesamtheit der Erbfaktoren dar. Dazu gehören auch solche, die man nicht sofort sieht und die zum Beispiel die Verhaltensmuster eines Tieres formen. Es ist wesentlich schwerer, den Genotyp züchterisch zu beeinflussen als den Phänotyp. Die Erbanlagen, die das Verhalten mitbestimmen, kann man an einem Hund erst dann richtig ansprechen, wenn er erwachsen ist und wenn mit ihm gearbeitet wurde. Ob er hübsches Fell hat und groß genug wird, sieht der Züchter hingegen sofort. Die exzessiv betriebene Schönheitszucht der vergangenen Jahrzehnte hat bei fast allen Hunderassen dazu geführt, dass dem äußeren Erscheinungsbild viel mehr Aufmerksamkeit gewidmet wurde und wird als der richtigen Erbmasse. Im Klartext: Gefragt ist vor allem das plüschige Fell, weniger der einwandfreie Charakter, die Lernbereitschaft und Belastbarkeit oder der Leistungswille.

Die Zucht von Wesensmerkmalen

Bei meiner Arbeit als Schäferin habe ich erkannt, dass eine gezielte Verpaarung meiner Leistungshunde zu sehr konkreten Ergebnissen führt und dass sich dabei bestimmte Verhaltensweisen züchterisch beeinflussen lassen. Zum Beispiel, in welches Körperteil des Schafes der Hund welchen Griff setzt, wenn das Schaf erzogen werden muss. Oder in welchem Winkel und in welchem Tempo sich die Hunde der Herde nähern und ob es ein gezielter, konzentrierter Schritt ist oder ein ungeregelter Trab. Um solche Wesensmerkmale bei der Zucht berücksichtigen zu können, müssen die Hunde unter gleichen Bedingungen aufwachsen und angelernt werden. Erst nach zwei Jahren kann der Züchter dann eine gesicherte Entscheidung treffen.

Der Genotyp bestimmt die Zuchtlinie der angepaarten Tiere und findet sich in der Regel in den Folgegenerationen wieder. Das macht deutlich, wie wichtig es ist, bei der Wahl eines neuen vierbeinigen Hausgenossen das Wesen der Elterntiere in Augenschein zu nehmen und die Entscheidung nicht allein von dem putzigen Junghund abhängig zu machen. Leider bringen viele Hundezüchter nicht die Geduld auf, um diesen Reifungsprozess abzuwarten.

Die Vielfalt der Rassen

Die Hunderassen werden bestimmten Rassegruppen zugeordnet: den Hüte- und Treibhunden zum Beispiel, den Dachshunden, Terriern, Apportier-, Stöber- und Wasserhunden bis hin zu den Gesellschafts- und Begleithunden. Fast alle Laufhundrassen aus der Gruppe der Lauf- und Schweißhunde und alle Vorstehhunde sind ausgesprochene Jagdgebrauchshunde, die in die Hand des Jägers gehören und sich nicht als Begleit- und Familienhunde eignen. Jagdspezialisten sind auch die Apportierhunde, zu denen alle Retriever-Rassen gezählt werden, die nordischen Spitze, die Wasserhunde und natürlich die Windhunde. Bei den Hütehunden hält sich ein hartnäckiges Missverständnis, weil selbst Hundekenner der Meinung sind, dass ein Hütehund behütet. In der Praxis macht er ebenso Beute wie der Jagdhund, nur viel spezieller, und bleibt dabei immer kontrollierbar (→ Seite 16). Wach- und Schutzfunktionen übernehmen unter anderem die Herdenschutzhunde und die mächtigen Molosser, die von den Tibet-Doggen abstammen. Und dann gibt es noch die Schoß- und Familienhunde, anpassungsfähige, kleine bis mittelgroße Rassen von hoher sozialer Intelligenz, von denen viele einst vom Adel und von Mitgliedern der Königshäuser zum Promenieren und zur Geselligkeit gezüchtet wurden, wie etwa Cavalier King Charles Spaniel, Malteser, Löwchen, Mops, Havaneser und Papillon.

Aufgrund seiner Zuchtgeschichte zeigt der Border Collie einzigartige Verhaltensmuster. Zum reinen Familienhund eignet sich diese Rasse allerdings nicht.

1

2

3

4

RASSEHUNDE IM PORTRÄT

1 Labrador Retriever: Die Rasse stammt aus Neufundland. Die Hunde wurden als Jagdhunde und beim Einholen der Fischnetze eingesetzt. Heute gehört dieser Apportierhund zu den beliebtesten Familienhunden. Er braucht viel Auslauf und will geistig gefordert werden.

2 Irish Red Setter: Dieser Jagdhund ist im 19. Jahrhundert aus Spaniel, Pointer und English Setter hervorgegangen. Als Vorstehhund hat er den irischen Landadel bei der Schnepfenjagd unterstützt. Heute ist der Irish Setter ein guter Begleithund, der Aufmerksamkeit und genügend Auslauf benötigt.

3 Deutscher Schäferhund: Die Vorfahren dieser bei Weitem beliebtesten Rasse gehen auf Hütehunde aus Süddeutschland zurück, die gleichzeitig das Hab und Gut der Hirten bewachten. Das Allroundtalent eignet sich nicht nur zum vielseitigen Diensthund, sondern ist auch ein treuer Familien- und Begleithund.

4 Mops: Die Rasse kommt ursprünglich aus China, wo sie vor 2000 Jahren als Begleiter der Kaiser und Könige aus doggenähnlichen Hunden herausgezüchtet wurde. Der Mops ist ein angenehmer Begleithund, der leider etwas zum Übergewicht neigt.

Das Erbe der alten Rassen. Da es fast 360 Hunderassen gibt, können hier stellvertretend nur die Namen einiger bekannter, besonders prominenter Rassen genannt werden. Viele von ihnen haben eine lange Zuchtgeschichte, was bedeutet, dass ihr genetischer Hintergrund nicht selten schon seit mehreren Jahrhunderten existiert. Auch eine standardisierte Zuchtordnung kann diese Erbkonstellation nicht innerhalb wenige Jahrzehnte über den Haufen werfen. Die übernommenen Anlagen werden unverändert weitergegeben, auch wenn immer wieder Variationen des Grundthemas auftreten.
Wer mit einem Hütehund liebäugelt, muss wissen, dass diese Hunde einen unbändigen Beutetrieb haben, dass sie extrem aktiv und zum Teil so nervös sind, dass sie sich zur Haltung als Haushunde kaum eignen. Wer sich jedoch dieser besonderen Herausforderung stellt und sein Leben danach ausrichtet, kann durchaus zu einer glücklichen Partnerschaft finden. Ausnahme ist der Border Collie, der ohne die ständige Triebbefriedigung an der Herde verkümmert. Natürlich steht es Ihnen frei, sich einen Herdenschutzhund anzuschaffen. Sie müssen allerdings in Kauf nehmen, dass der Bursche spätestens mit fünf Jahren eigenmächtig entscheidet, wer ins Haus darf und wer ab sofort nicht mehr zum Freundeskreis der Familie gehört.

Zuchtziel Selbstständigkeit. Herdenschutzhunde sind nie auf absoluten Gehorsam und auf Anpassungsfähigkeit selektiert worden, sondern bewusst auf ihre Selbstständigkeit. Hüte- und Treibhunde hingegen sind sehr gut lenkbar, ihre Eigenständigkeit ist sekundär. Bei den Jagdhunden ist der starke Jagdtrieb erklärtes Zuchtziel. Ein Jagdgebrauchshund ist ein verlässlicher Begleiter, hat er aber eine Fährte aufgenommen, hält ihn nichts zurück.

Partnerschaft statt Dauerstress. Nun müssen nicht alle Hundefreunde mit einem Mops oder Papillon herumlaufen, über die Zuchthistorie seines Wunschhundes sollte man sich aber schon detailliert informieren. Die kommerziell ausgerichtete Hundezucht von heute hat so manchen Hundeliebhaber in einen 15 Jahre währenden Dauerstress versetzt.

DER RICHTIGE HUND

TIPP

Die Entscheidung für einen Hund, der zu Ihnen passt, beginnt bei der Wahl der Rasse oder mit der Vorgeschichte eines Mischlings. Beim Rassehund verrät Ihnen vor allem seine Zuchtgeschichte, ob die Partnerschaft Zukunft haben könnte. Die Bewertung des Züchters und der Aufzucht wird nach meiner Einschätzung häufig überbetont. Kein guter Ratgeber beim Kauf eines Hundes sind Modetrends.

Dem Hund ein erfülltes Leben zu bieten, ist eine Zielvorgabe der HarmoniLogie. Der ererbte Drang des Hundes nach Bewegung und Beschäftigung kann nicht hoch genug eingeschätzt werden. Schon hier stellen sich viele Menschen selbst ein Bein: Sie kaufen einen triebstarken Hund und leiden bald unter einem unterbeschäftigten Hausgenossen, der aus Langeweile die ganze Familie tyrannisiert. Erfolgversprechender, als sich jetzt auf angesagte Fun-Sportarten zu stürzen, ist die gezielte Ausbildung zum sozialen Diensthund. Diesen Weg kann die HarmoniLogie begleiten.

Warum muss es denn immer ein Welpe sein?

Seit Ewigkeiten wird gelehrt, dass ein Hund im Welpenalter die stabilste Bindung zu seinem Besitzer aufbaut und dass der Junghund sich besser erziehen lässt als ein älterer Artgenosse. Also wird ein Welpe schon einmal mit acht oder sogar sechs Wochen vom Züchter an den neuen Besitzer abgegeben. Die Geschichte hat leider einen Haken: In diesem Alter beherrscht der Hund seine

> Ein Welpe mit acht Wochen ist ein Analphabet, der seine Muttersprache noch nicht beherrscht.

Muttersprache, das Hündisch, noch nicht. Was die Hundesprache angeht, ist er eindeutig noch ein Analphabet. Das ficht aber die meisten Hundekäufer nicht an. Es muss ein neuer und ein junger Hund sein. Nur wenige kommen auf die Idee, sich zuerst ein erwachsenes Tier ins Haus zu nehmen und mit und von ihm zu lernen.

In der Reiterei ist das zum Glück anders. Was wohl auch damit zusammenhängt, dass bei Verständigungsschwierigkeiten zwischen Halter und Pferd sehr schnell die Gesundheit oder gar das Leben des Menschen auf dem Spiel steht. Ein Anfänger, der nicht fest im Sattel sitzt, kauft sich kein junges Pferd, sondern eines, von dem er lernen kann, im Idealfall ein sicheres, gut ausgebildetes Tier, das leicht zu führen ist und Fehler verzeiht. Warum das beim Hund anders läuft, mag am Bewusstsein des Menschen liegen, dass er dem Vierbeiner kräftemäßig überlegen ist. Leider hat sich in vielen Köpfen die fixe Idee eingenistet, dass ältere Hunde im Wesen und Verhalten verdorben sind und man ja nicht die Erziehungsfehler anderer ausbaden möchte. Umgekehrt wird ein Schuh daraus: Das Risiko ist ungleich größer, im Umgang mit dem jungen Hund selbst gravierende Fehler zu produzieren – vor allem, wenn man noch nie einen Hund hatte. Beim Start mit einem älteren Hund geht man jedenfalls in den meisten Fällen auf Nummer sicher.

Unfertige Welpen und die Folgen

Die meisten Welpen werden mit acht oder zehn Wochen abgegeben. In diesem Alter ist ihre Fähigkeit zur Kommunikation weder ausgereift noch ausreichend geschult. Erfolgreich abgeschlossen werden kann diese Sprachschulung aber nur im Rudel, in der Gemeinschaft der Artgenossen. Der plötzliche Verlust des frühkindlichen Sozialverbands stellt für den jungen Hund ein schweres Trauma dar. Dass er es überhaupt überwindet, verdankt er seiner außerordentlichen Anpassungsfähigkeit und der Gabe, das Beste aus dem Hier und Jetzt zu machen. Viele dieser entwurzelten Hunde schaffen es recht bald, ihre neue menschliche Familie gehörig zu nerven, andere entwickeln Verhaltensstörungen, nur wenige bauen eine rundum befriedigende Beziehung zum Menschen auf.

Konflikte durch Sprachprobleme und den Verlust des Rudels

Sprachschule versäumt. Jeder Hund begegnet in seinem Leben anderen Artgenossen, und viele von den Konflikten unter Hunden entstehen dadurch, dass manche ihre eigene Sprache und den »Knigge für Hunde«, den feinen Umgang miteinander, nie richtig gelernt haben. Sie können nicht »Bitte« sagen, nicht »Danke«, auch nicht »Entschuldigung« oder »Es tut mir leid«. Der hündische Analphabet weiß nicht, wie er meiden und wie er weichen oder beschwichtigen muss. Er hält dem Blick eines dominanten Artgenossen stand, wo er zur Seite schauen müsste, und provoziert Konflikte oft schneller, als er mit dem Schwanz wedeln kann.

Fehlende Rudelstrukturen. Das friedliche Miteinander ist bei den Hunden an eine feste und geregelte Familienstruktur gebunden. Dem isoliert gehaltenen Familienhund fehlen die Sicherheit und der Rückhalt des Rudels. Zwangsläufig kommt es dann bei den vielen Straßenbegegnungen mit fremden Artgenossen nicht selten zum Showdown fast wie im wilden Westen. Ein intaktes und geschlossenes Hunderudel hingegen legt keinerlei Wert auf Kontakte und Begegnungen mit anderen Artgenossen, außer während der Läufigkeit der Hündinnen.

Frühkindliches Trauma. Der Welpe verliert mit acht Wochen Mutter und Geschwister. Das kann man mit einem zweijährigen Menschenkind vergleichen, das aus seiner Familie gerissen wird und zum Beispiel in der Obhut von Elefanten aufwächst. Die Dickhäuter machen mit dem Baby, was Elefanten so in den Sinn kommt: Sie nehmen es hoch, stellen es neben das Futter oder bringen es zum Pippimachen raus und legen es dann ins Körbchen. Allzu groß dürften die Chancen wohl nicht sein, in diesem Umfeld menschengerecht aufzuwachsen.

Anpassung und Integration. Von einem Menschen, der als Kind keine sozialen Beziehungen knüpfen konnte, erwarten wir in der Regel nicht, dass er sich als Erwachsener problemlos in die Gemeinschaft integriert. Bei einem Hund halten wir das aber für vollkommen selbstverständlich: Wir nehmen ihn als Baby ins Haus, und weil wir ach so tierlieb sind, vergessen wir darüber ganz, dass er nichts anderes als unser Gefangener ist.

Selbst wenn er noch so süß und verspielt ist: Es muss nicht immer ein Welpe sein. Auch mit einem älteren Hund kann sich eine glückliche und erfüllte Partnerschaft entwickeln.

Die Reifung der Sprache

Für einen Welpen, der in seinem neuen Zuhause auf einen Kumpel trifft, ist der Verlust von Mutter und Wurfgeschwistern nicht ganz so dramatisch. Ist da aber kein Artgenosse, der die Sozialisation des Junghundes begleitet und fördert, dann sollten Sie keinen Hund kaufen, der jünger als vier oder fünf Monate ist. Erst in diesem Alter verfügt der Hund über eine ausreichend entwickelte Laut- und Körpersprache und kommt jetzt auch besser mit der tief greifenden Zäsur in seinem Leben zurecht – immer vorausgesetzt, dass seine Entwicklung bis zu diesem Zeitpunkt normal und störungsfrei verlief.

Was bringt die Welpenschule?

Um es ganz klar zu sagen: Einmal pro Woche Welpenspiele sind ein Tropfen auf dem heißen Stein. Stellen Sie sich eine Gruppe dreijähriger Kindergarten-Kids vor, die man auf dem Spielplatz sich selbst überlässt. Man wartet eine Stunde … und wer am Ende die wenigsten blauen Flecken hat, hat gewonnen. So ähnlich läuft es auch mit Welpen.

Der erwachsene Hund als Ziehvater oder »guter Onkel« ist für die stabile Sozialisation und gesunde Entwicklung des Welpen außerordentlich wichtig.

Keiner erklärt das Leben. Wenn die Welpen unter sich sind, sagt ihnen keiner, wie sie sich verhalten sollen. Und dann noch die Mär vom angeblichen Welpenschutz. Den gibt es tatsächlich, aber er gilt nur innerhalb der Familie, nicht unter fremden Hunden. Bis heute hat man noch nie beobachtet, dass sich zwei Wolfsrudel treffen, um ihre Welpen miteinander spielen zu lassen. Die Realität der Natur sieht anders aus: Die Welpen des fremden Rudels sind eher Beute als Spielgefährten. Wenn die Welpenbesitzer das begreifen und besser auf ihre Zwerge aufpassen, wird es mit Sicherheit auch weniger schlimme Übergriffe durch fremde Hunde geben.

Ein erwachsener Hund als Ziehvater. Die Erziehung des Hundes beginnt mit dem Tag, an dem er ins Haus kommt. Sprechen Sie mit ihm, machen Sie ihm klar, was er darf und was nicht. Er muss lernen, Angebote zu unterbreiten und Beschwichtigungsverhalten zu zeigen. Darüber hinaus sollte in dieser Phase ein erfahrener und ausgeglichener erwachsener Hund verfügbar sein. Am besten nimmt man den älteren Hund schon längere Zeit vor dem Welpenkauf ins Haus. Mit seiner Unterstützung verläuft die Erziehung des Junghundes erheblich leichter und störungsfreier. Das setzt natürlich voraus, dass man mit dem erwachsenen Tier in jeder Situation problemlos zurechtkommt. Wer sich dabei überfordert fühlt, sollte sich nach einer guten Hundeschule umschauen. Dort wird dann zumindest die Basis für eine stabile Partnerschaft gelegt.

Die Ansprüche des Hundes und der Weg zur Harmonie

Die Freude ist groß: Ein Hund kommt ins Haus. Doch viele neue Hundehalter sind auch unsicher, ob sie der Aufgabe gewachsen sind.

Die Integration des Hundes

Selbst wenn der Vierbeiner mit offenen Armen und offenem Herzen empfangen wird, beschleicht doch die meisten Menschen tief im Inneren ein Unbehagen. Der Hund ist allein, er hat seine Familie verloren und soll nun in der fremden Welt zurechtkommen. Der Wunsch, es ihm so schön wie möglich zu machen, wohnt in jedem Hundemenschen. Doch wie geht das?

Kann ich einem Hund das Rudel ersetzen?

Ein Schaf ist keine Kuh, und ein Mensch ist kein Hund. Um die Antwort vorwegzunehmen: Ich stelle es grundsätzlich infrage, dass der Mensch seinem Hund die Gemeinschaft der Artgenossen ersetzen kann. So wenig wie das Schaf eine Kuh als Herdenmitglied akzeptiert, so wenig gehört das Schaf für die Kuh zur Herde. Es kann sein, dass eine Kuh ihre Einsamkeit vergisst, wenn sie mit einem Schaf zusammen gehalten wird, aber zur Kuh wird das Schaf trotzdem nicht. Und es kann der Kuh die Bedürfnisse nicht erfüllen, die sie zu ihrer Zufriedenheit braucht. Das ist nicht anders beim Menschen und auch nicht beim Hund und seinen Ansprüchen ans Rudel.

Darf man Hunde solo halten? Der Mensch wird nie die Rolle des Alphahundes und nie eine Leitfunktion übernehmen, und die menschliche Familie ersetzt keine Hundefamilie. Wir sind in der Partnerschaft mit dem Hund nicht zu den Interaktionen fähig, die das soziale Miteinander der Hunde ganz entscheidend mitbestimmen, sondern beschränken unsere Alphaposition auf die Machtstellung, die wir uns auch auf anderen Gebieten so gerne vorbehalten. Aber was ist mit typisch hündischen Verhaltensweisen wie Kontaktliegen, Ohren auslecken, an der Analdrüse riechen, ums Futter oder den Fressplatz zanken, im Mundwinkel stupsen? Und was mit den sprachlichen Qualitäten? Die Antwort ergibt sich von selbst: Ein aktiver und sozial verträglicher Hund, der kein übersteigertes Aggressionspotenzial besitzt, sollte immer gemeinsam mit einem oder zwei Artgenossen gehalten werden. Das setzt jedoch voraus, dass der Mensch in der Lage ist, zu jedem Hund einen persönlichen Kontakt aufzubauen, die vielen Pfoten gut zu managen und alle gleichermaßen in die Ausbildung zum angeschlossenen Familienhund einzubeziehen. Das wäre das echte Hundeparadies ...

> Kein Mensch ist in der Lage, dem Hund alle Ansprüche zu erfüllen, die er an sein Rudel stellt.

das Gezerre lästig ist, macht man den kleinen Derwisch los, und dann folgt er gar nicht mehr, rennt den Kaninchen hinterher und springt Passanten an. Statt Seele baumeln lassen und beim Gassigehen entspannen gibt es Stress und Hektik mit voller Breitseite.

Die Einsamkeit des Hundehalters. Besitzer von Problemhunden kennen die Einsamkeit – wenn selbst Freunde und alte Bekannte die Straßenseite wechseln oder spätestens dann, wenn der eigene Vierbeiner einen friedfertigen Artgenossen, der ihn nur zum Spielen auffordern wollte, ohne Vorwarnung halb tot gebissen hat. Jeder Spaziergang wird zur an den Nerven zerrenden Herausforderung, begleitet von der inständigen Hoffnung, dass nichts Unvorhergesehenes passieren möge.

Die Risiken fehlender Präsenz. Jeder, ob Pferdekenner oder nicht, bescheinigt einem blutigen Reitanfänger, der sich noch nicht einmal richtig im Sattel halten kann, einen Vogel, wenn der auf die Idee kommt, sich mit einem kaum zugerittenen Pferd ins Gelände zu wagen. Für Hundehalter gilt das offensichtlich nicht. Völlig unbefangen und ohne einen Gedanken daran zu verschwenden, gestatten sie dem Raubtier Hund selbst in dicht besiedelter Umgebung alle Freiheiten, obwohl der Vierbeiner mit der Sprache des Menschen noch nichts anfangen kann und sich von der Präsenz seines Halters völlig unbeeindruckt zeigt. Auch oder gerade weil man das millionenfach erlebt, ist es fast eine Tragödie. Der unerfahrene und dreiste Pferdemensch läuft schnell Gefahr, sich zu verletzen. Ein Hundemensch, seinem Vierbeiner in der Regel kräftemäßig überlegen, stellt diese fahrlässige Unbefangenheit keine Sekunde lang infrage. Es ist eben einfacher, einen Hund an der Leine hinter sich herzuziehen, als einem Pferd Paroli zu bieten.

Ein angeschlossener Hund bereichert unser Leben

Zur Haltung des Hundes braucht der Mensch also ein Konzept; ein Konzept, das auf seinen Lebensverhältnissen, seinen Erfahrungen im Umgang mit Tieren und nicht zuletzt auf seiner Kompromissbereitschaft basiert. Dieses Konzept sollten Sie parat haben, bevor Ihr Hund ins Haus kommt. Ein Leben mit Hund als Partner an unserer Seite ist etwas Wunderbares und Beglückendes. Wer es einmal ausprobiert, ist für immer »infiziert«. Der Schauspieler Heinz Rühmann hat es auf den Punkt gebracht: »Man kann ohne Hunde leben, aber es lohnt sich nicht.«

Ein angeschlossener und leicht zu steuernder Hund bereichert unser Leben auf allen Gebieten. Mit ihm kann man die Seele baumeln lassen und sich beim Promenieren Zeit für nette Begegnungen mit anderen Menschen nehmen. Ein solcher Hund erlebt die ersehnte Gastlichkeit statt der Gefangenschaft. Leider fällt er nicht einfach mal so vom Himmel. Es verlangt Engagement und viel Erziehungsarbeit, um diesen Weg mit ihm zu gehen. Die HarmoniLogie lässt Sie als Halter dabei nicht allein und gibt Ihnen die Gewissheit, die richtigen Entscheidungen zu treffen.

Hilfreiche Hundeschule. Für Anfänger in der Hundehaltung ist es nicht immer einfach, die Grenze zwischen der Realität ihrer Lebensverhältnisse und ihren Wunschvorstellungen zu definieren. Sie scheitern dann oft auch daran, ein verlässliches und praxisgerechtes Konzept für die Erziehung und Ausbildung ihres Hundes auf die Beine zu stellen. Zum Glück gibt es eine ganze Reihe empfehlenswerter Hundeschulen, die diese Aufgabe übernehmen – auch wenn es nicht leicht ist, bei den unzähligen Schulungsangeboten die Spreu vom Weizen zu trennen.

Einen ausgeglichenen und dabei leicht zu lenkenden Hund als Partner zu haben, ist etwas Wunderbares. Das muss kein Wunschtraum sein: Die HarmoniLogie macht es ohne großen Aufwand möglich.

FRAGE & ANTWORT

Auf welche Zuchtkriterien sollte man bei der Anschaffung eines Hundes achten?

ANNE KRÜGER: Das kommt zunächst einmal auf den Halter an. Jeder Hundefreund hat eigene Vorstellungen vom Zusammenleben mit einem Hund, er hat im günstigsten Fall ein Händchen für Hunde – möglicherweise aber auch nicht –, und er hat seinen individuellen Lebensrhythmus, in dem der neue vierbeinige Partner seinen Platz finden muss. Wichtig ist es auf jeden Fall, sich vor der Kaufentscheidung intensiv mit der Zuchtgeschichte des Hundes und den rassetypischen Eigenheiten zu beschäftigen. Bei der Anschaffung eines Junghundes sollte man sich Zeit nehmen, um Wesen und Verhalten der Elterntiere zu studieren. Das Interieur des Hundes ist dabei wichtiger als die äußere Erscheinung. Soll der Hund friedlich, verspielt und wenig aggressiv sein, dann ist es egal, was für ein Fell er hat und wie groß er ist.

Sie betonen wiederholt, dass man Hunde nicht einzeln halten sollte. Braucht also jeder Hundehalter ein zweites Tier?

ANNE KRÜGER: Auf gar keinen Fall! Nicht wenige Besitzer sind schon mit einem Hund völlig überfordert, und mit zwei Hunden würden sie schnell graue Haare bekommen. Wer sich für ein Leben mit Hund entscheidet, sollte die eigenen Fähigkeiten und Möglichkeiten kennen. Was erwarte ich von einem Hund? Bringe ich Zeit und genügend Geduld auf? Bin ich bereit, Kompromisse einzugehen und mein Leben neu zu organisieren – und das für 15 oder mehr Jahre? Erst wenn Sie sich zu hundert Prozent dieser Verantwortung und Verpflichtung stellen, können Sie über einen zweiten oder dritten Hund nachdenken.

Hat es der Mensch eigentlich erst durch Domestikation und Zucht erreicht, dass er mit Hunden zusammenleben kann?

ANNE KRÜGER: Die Domestikation hat aus dem Wolf als Stammvater des Haushundes schon früh den Begleiter des Menschen geformt. Hunde, die genetisch näher am Wolf liegen, sind deutlich komplizierter und schwieriger im Umgang und nicht so leicht zu erreichen wie die stärker durch die Zuchtwahl des Menschen veränderten Rassen. So hilft die Domestikation den Menschen seit vielen Jahrtausenden, den Hund für ihre Zwecke nutzbar zu machen, sie hat gleichzeitig aber auch dazu beigetragen, dass der Hund in unserem Umfeld besser zurechtkommt. Nichtsdestotrotz könnten die meisten Hunde auch ohne uns Menschen ihr Leben selbst bestreiten.

Gibt es Hunderassen, die man grundsätzlich nicht solo halten darf?

ANNE KRÜGER: Es ist eher umgekehrt: Bei bestimmten Rassen, aber auch einzelnen Tieren, die ein hohes Aggressionspotenzial aufweisen, kann sich die Haltung in einer Gruppe oder im Rudel enorm schwierig gestalten. Häufig sind es Einzeltiere, die eine entsprechende Veranlagung in sich tragen oder nur unzureichend, zum Teil auch gar nicht unter ihresgleichen sozialisiert wurden. Darüber hinaus gibt es natürlich auch Hunde, denen der Mensch die Aggressivität ganz bewusst anerzogen hat.

Ich besitze seit vielen Jahren einen Hund. Ist es da überhaupt sinnvoll, dass ich ihm einen Artgenossen an die Seite gebe?

ANNE KRÜGER: Das lässt sich nur im Einzelfall entscheiden. Genauso wie es alleinstehende Menschen gibt, die es in den Wahnsinn treiben würde, wenn sie plötzlich und auf Dauer mit einem Kleinkind konfrontiert werden, kann man manchen Hunden nicht einfach einen Artgenossen »aufs Auge drücken«. Andererseits haben Hundehalter oft viel mehr Bedenken als nötig, weil das Kennenlernen und Zusammenleben der Tiere dann doch oft unkomplizierter verläuft als befürchtet. Nicht selten sind die Hunde schon nach kurzer Zeit ein Herz und eine Seele.

Für die HarmoniLogie ist auch der goldene Käfig immer noch ein Käfig. Muss man seinem Hund mehr Freiheiten erlauben?

ANNE KRÜGER: Zunächst einmal ist ein stabiles Fundament notwendig. Dazu gehören sorgfältige Erziehung und Verständnis für die arteigenen Ansprüche des Hundes. Der Weg in die Freiheit kann nur über den Gehorsam führen. Das ist der einzige Weg, der dem Hund in der Partnerschaft mit dem Menschen ein angenehmes Leben garantiert. Aber auch in der Beziehung zwischen Mensch und Hund gilt: Freiheit ist immer die des anderen, die durch die eigenen Ansprüche nicht eingeschränkt werden darf. Das seinem vierbeinigen Freund plausibel zu machen, ist eine der wichtigsten Aufgaben des Hundehalters. Ein ausgebildeter und angeschlossener Hund, der gerne und froh bei seinem Menschen ist, kann ein sehr freies Leben führen. Und das ist eines der Hauptziele der HarmoniLogie.

Was halten Sie davon, Hunde und Kinder gemeinsam aufwachsen zu lassen?

ANNE KRÜGER: Das ist natürlich möglich, muss aber mit großer Vorsicht gehandhabt werden. Einerseits haben Kinder oft ein deutlich besseres Bauchgefühl als Erwachsene. Das macht es ihnen zum Beispiel leicht, die Lernprozesse der HarmoniLogie zu verstehen. Andererseits erkennen gerade kleinere Kinder ihre Grenzen nicht schnell genug. Sie sollten deshalb grundsätzlich nur unter Aufsicht mit einem Hund zusammen sein. Im Idealfall nimmt man einen gut geschulten Hund und schult mit diesem das Kind. Wir unterrichten viele Kinder mit Hunden, wobei dabei stets auf die individuelle Reife des Kindes geachtet werden muss. Das Kind muss bereits in der Lage sein, Verantwortung zu übernehmen. Säuglinge und Kleinkinder gehören nicht wirklich in die Nähe eines Hundes. Eine Langzeitstudie des Kinderunfall-Forschungszentrums in Graz über Verletzungen durch Hundebisse bei Kindern unter 17 Jahren ergab, dass gerade Hunde aus dem Bekanntenkreis gefährlich sind. Bei 341 untersuchten Fällen lag das durchschnittliche Alter der betroffenen Kinder bei 5,9 Jahren. Kinder unter 10 Jahren sind besonders gefährdet. Meist passieren solche Unfälle beim Spielen, Kuscheln oder Füttern. Kinder passen offensichtlich nach wie vor ins Beuteschema des Hundes. Deshalb also: Vorsicht beim unkontrollierten Umgang von Kindern mit Hunden.

Mit einem gut an den Menschen angeschlossenen Hund wird der Ausflug in die Natur zum Vergnügen.

Menschenwelten Hundewelten

Kapitel 3 HARMONILOGIE HEISST AUCH, DIE BESONDERHEITEN DES HUNDES ZU KENNEN. DANN FÄLLT DIE KOMMUNIKATION NOCH LEICHTER.

Wie man leise und fein mit einem Raubtier umgeht

Die Pfeifsignale für meine Hütehunde sind kleine Melodien, die ans verbale Signal angepasst werden. Die Lautstärke ist in Relation zur Umwelt stets angemessen leise. Mit den Melodien kann ich den Hunden über viele Hundert Meter die Signale geben, die für ihre Arbeit wichtig sind. Und es gibt eine kleine freundliche Melodie, die ihnen signalisiert, dass sie sich auf dem Holzweg befinden. Für dieses Signal brauche ich weder Kraft noch Lautstärke. Mit ihrer unendlichen Motivation begegnen meine Hunde diesem feinen Umgangston. Ihre überragenden Sinnesleistungen lassen Hunde für uns Menschen so wertvoll werden – überall auf der Welt und in unzähligen Berufen, nicht nur in der Schäferei. Und immer mehr auch als angeschlossene Familienhunde.

Supersinne und scharfe Waffen – Hunde können vieles besser als wir

Der Mensch ist ein Raubtier, und der Hund ist ein Raubtier. Im direkten Vergleich von Raubtier zu Raubtier schneiden wir jedoch erbärmlich schlecht ab. Speziell bei der Sinneswahrnehmung ist uns der Hund um Meilen voraus. Es sind diese außergewöhnlichen Fähigkeiten, für die sich die Menschen schon früh interessierten und die sie veranlassten, sich Hunde anzueignen, sie gefügig und nutzbar zu machen.

Die fantastischen Fähigkeiten des Hundes

Die überlegenen Sinne und Fähigkeiten haben Hunde für den Menschen interessant gemacht. Wer sie kennt, hat mehr davon.

Super-Sinnliches

Das Nasenwunder. Gegenüber der Nase des Hundes ist unsere eine echte Katastrophe. Ein Hund besitzt 20- bis 40-mal mehr Riechzellen als der Mensch, er nimmt Gerüche etwa eine Million Mal besser wahr als wir und kann viele Duftstoffe noch in Verdünnungen bis zu einem milliardstel Anteil registrieren.

Das Auge des Jägers. Für die Jagd sind unsere Augen nicht gerade das Optimum, besonders in der Dämmerung. Der Mensch nimmt in erster Linie Umrisse und die topografischen Gegebenheiten wahr, ein Hund registriert vor allem Bewegungen. Selbst bei den wildesten Verfolgungsjagden reagiert der Hetzjäger blitzschnell auf jede noch so kleine Bewegungsänderung seiner Beute.

Hochleistungsempfänger. Selbst wenn eine Schallquelle mehrere Kilometer entfernt ist, entgehen dem Hundeohr auch hochfrequente und leise Töne nicht. Der Mensch ist im Vergleich dazu nahezu taub und nimmt nur Geräusche wahr, die man fast schon als Vibrationen des Erdreichs spüren kann.

> Der Hund ist ein Hetzjäger, dem selbst die kleinste Bewegung der Beute nicht entgeht.

Perfekt bewaffnet. Der gravierendste Unterschied zwischen Mensch und Hund zeigt sich im Gebiss. Ohne den Einsatz von Messern wären wir bald dem Hungertod nahe. Mit unseren Zähnen sind wir kaum in der Lage, aus rohem Fleisch ein Stück herauszureißen. Selbst einem nur mittelgroßen Hund fällt es hingegen nicht schwer, auch die dicksten Rinderknochen zu verarbeiten.

Schnell und ausdauernd. Der Hund hat vier schnelle Beine, die im idealen Winkel zum Körper stehen. Wir stehen auf sehr geraden Beinen, die uns weder zu Tempo- noch zu Ausdauerläufen befähigen. Der Hund ist schneller, wendiger und ausdauernder, er kann schwimmen, hoch und weit springen und relativ gut klettern. Die Hundepfoten tragen starke Krallen, die böse Verletzungen hervorrufen können, unsere weichen Fingernägel sind hingegen im Prinzip funktionslos.

Doch der Mensch denkt ...

Wir sind einem Hund in vielen Belangen nicht gewachsen – egal wie groß er ist. Doch der Hund lebt im Hier und Jetzt, er reagiert stets nur in der aktuellen und auf die aktuelle Situation. Wir ziehen Schlüsse aus den Erlebnissen und Erfahrungen der Vergangenheit und wägen zukünftige Möglichkeiten ab. Diese Fähigkeit zur vergleichenden Wertung, zur Planung und zum vorausschauenden Denken macht uns dem Vierbeiner überlegen und versetzt uns darüber hinaus in die Lage, seine Stärken für uns zu nutzen.

Wie brüchig ist das Verhältnis zu einem treuen und vermeintlich harmlosen Menschenfreund?

Wenn das Raubtier erwacht

Urinstinkte und Missverständnisse. Als Hundebesitzer sollten Sie nie vergessen, dass Ihr Begleiter ein besser bewaffnetes Raubtier ist als Sie und dass er andere Bedürfnisse hat. In der Fachliteratur wird das nur selten oder beiläufig erwähnt. Ich halte es für unverzichtbar, sich diese Tatsache nachhaltig bewusst zu machen. Nicht erst dann, wenn wieder eine dramatische Meldung durch den Blätterwald geht, wie die von den Rottweilern, die ein Baby zerfleischten. Es ist schon schlimm genug, wenn man miterlebt, was Hunde aufgrund unzureichender Erziehung, falscher Haltungsbedingungen oder des völlig unterschätzten Raubtierinstinkts alles anstellen.

Beutetier Mensch? Wir stehen bei den Hunden nach wie vor auf der Speiseliste. Das darf man nicht vergessen, auch wenn die Vorstellung angesichts eines Pinschers oder Mopses eher schwerfällt. Doch leider ist eine Vielzahl von ernsten Vorfällen dokumentiert, in denen Menschen mit Handicap, Kinder und alte Leute den Beutetrieb besonders triebstarker Hunde auslösten, weil sie in einer bestimmten Situation genau ins ererbte Beuteschema der Caniden passten. Das verdeutlicht, wie brüchig die »Familienbande« zum Hund sein können und dass bei unzureichender Sozialisation und einer spezifischen genetischen Disposition sehr schnell das Raubtier wieder die Oberhand über den treuen, vermeintlich harmlosen Menschenfreund gewinnen kann.

Naivität und Fahrlässigkeit

Jeder Hund kann zur Gefahr werden, aber nicht alle Hunde sind gleich gefährlich, weil die meisten Hunde nicht um die Wirksamkeit ihrer Waffen wissen. Mir geht es hier darum, das mögliche Gefahrenpotenzial bewusst zu machen – im Kontext der HarmoniLogie ist das ein wichtiges Hintergrundwissen. Es ist gut, wenn man unbefangen mit seinem Hund umgehen kann, doch nicht wenige Halter bringen sich manchmal durch Gedankenlosigkeit und Fehlinterpretationen in sehr gefährliche Situationen. Ob aus Unwissenheit, Naivität oder Fahrlässigkeit, ist nicht immer eindeutig zu beurteilen; vermutlich von allem ein wenig. Ein durchaus typisches Beispiel für Ausbildungsdefizite ist der fünf Jahre alte Schäferhund, der nie gelernt hat zu weichen, also »Entschuldigung« zu sagen, sich schnell bedrängt fühlt und dann zum Angriff übergeht. Solche Defizite zu vermeiden, ist eines der Ziele dieses Buches.

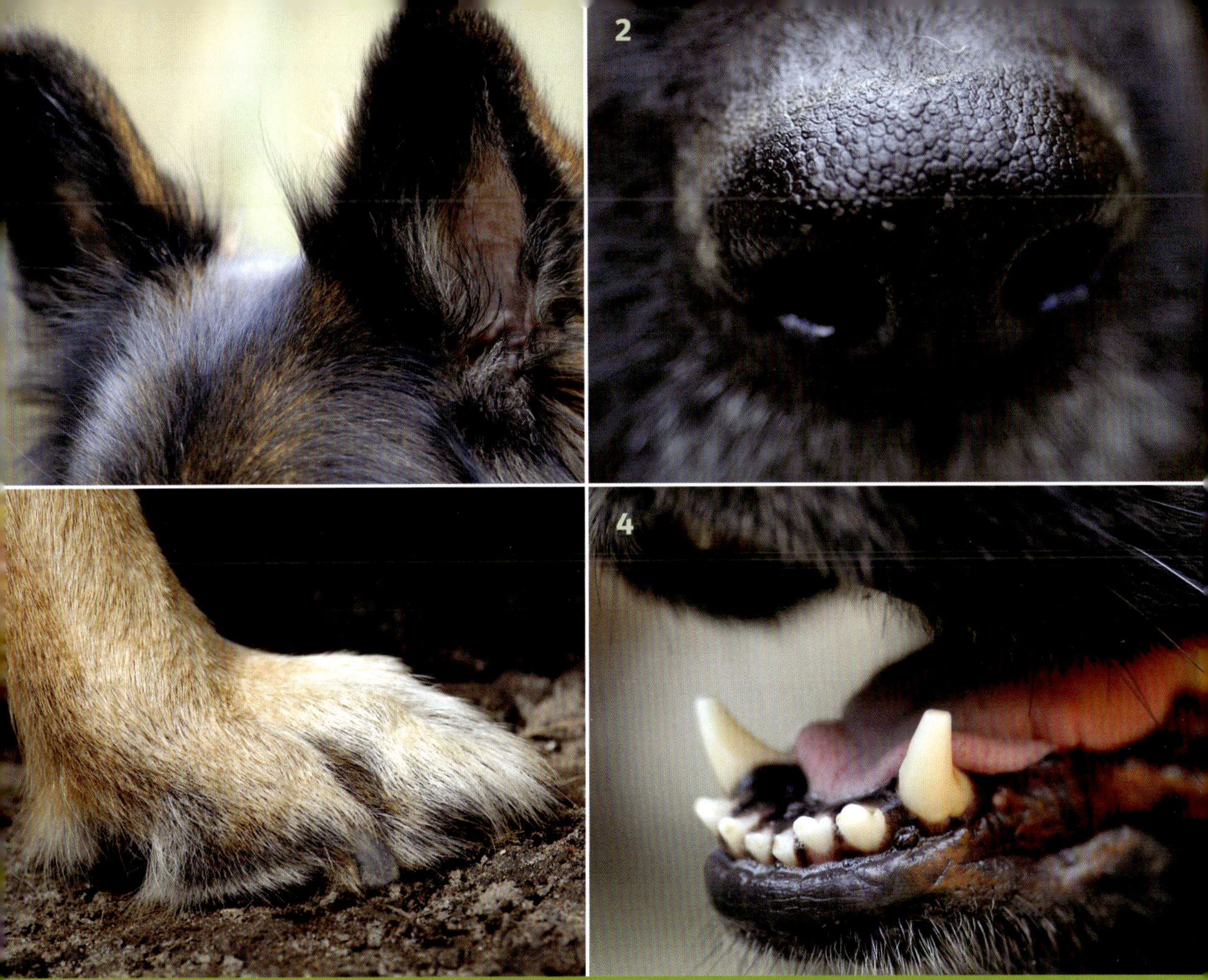

DER KÖRPER DES HUNDES UND SEINE STÄRKEN

1 Ohren: Der Hund nimmt Töne bis 50.000 Hz (Schwingungen pro Sekunde) wahr, beim Menschen liegt die Obergrenze bei 20.000 Hz. Unsere Vierbeiner hören also auch Töne, die wir nicht mehr wahrnehmen. Da der Hund seine Ohrmuscheln auf die Schallquelle ausrichten kann, hört er viermal weiter als wir.

2 Nase: Mit seinem hervorragenden Geruchssinn registriert ein Hund selbst kleinste Duftkomponenten der Luft. 220 Millionen Geruchsrezeptoren in der Hundenase sorgen dafür, dass er Gerüche wahrnimmt, die auch modernen Analysegeräten verborgen bleiben.

3 Beine und Pfoten: Sein »Allradantrieb« verleiht dem Hund eine beachtliche Grundschnelligkeit. Darüber hinaus verfügt er über enorme Sprungkraft und außergewöhnliche Ausdauer. Für Hütehunde sind Laufstrecken bis zu 80 km täglich kein Problem.

4 Gebiss: Mit seinen 42 Zähnen ist das Scherengebiss des Hundes ein perfektes Multifunktionswerkzeug. Es eignet sich zum Ergreifen und Festhalten von Beutetieren ebenso wie zum Abschneiden und Zerreißen von Fleisch und dem Zerkleinern und Zermahlen von Knochen und pflanzlicher Kost.

In der HarmoniLogie geht es um **den angeschlossenen Hund**

Ein glückliches Miteinander und ein erfülltes und angemessen freies Leben: Das wünscht man den Menschen und von Herzen auch den Tieren, die mit ihnen zusammenleben. Präsenz des Halters, Bereitschaft zum Dialog auf beiden Seiten und kleine Schritte mit kleinen Hilfen sind die Voraussetzungen für die harmonische Partnerschaft.

Ihr Hund muss zum Gespräch bereit sein

Das Thema der Angeschlossenheit hat in der HarmoniLogie einen zentralen Stellenwert. Es bedeutet, dass der Hund sich um seinen Menschen bemühen muss – keinesfalls nur umgekehrt. Der partnerschaftliche Umgang ist dabei entscheidender als etwa eine sportliche Höchstleistung. Aber auch die ist mit einem lernwilligen und gesprächsbereiten Tier und einem feinen Umgang leichter zu erreichen, selbst wenn diese Leistungsabfrage nicht das oberste Ziel der Methode ist.

Harmonie und Balance

Verständigung ohne Umweg. Die Ziele und Ausbildungsanforderungen der HarmoniLogie lassen sich klar definieren: Der Hund soll ein gutes Leben in den Händen des Menschen führen, er soll sich seinem Partner eng und vertrauensvoll anschließen und lernen, sich in die komplizierte Menschenwelt mit ihren Geund Verboten und ihren vielen Grenzen einzupassen. In der menschlichen Obhut erfährt der Hund dann letztlich eine innere Balance, die ihm Harmonie und Schönheit verleiht. Die HarmoniLogie überwindet die Sprachlosigkeit und zeigt dem Menschen, wie er den lange verschütteten direkten Weg der Kommunikation wiederentdecken kann. Ob Ihr Blick für die Realitäten der Welt sich durch die Begegnung mit der HarmoniLogie verändert und Sie neue Sichtweisen gewinnen, müssen Sie selbst entscheiden. Dieses Buch ist nicht mehr und nicht weniger als eine Einladung an den Leser, den Überlegungen der HarmoniLogie und der Philosophie zurück in eine einfache, überschaubare Natur zu folgen und die Verwirrungen der verschiedenen Wirklichkeiten und Wahrnehmungen aufzulösen. Zugleich soll es aber auch ein Mitgeschöpf würdigen, um dessen Freundschaft und Zuneigung es sich zu kämpfen lohnt, weil es uns unendlich viel geben kann.

Zum Gespräch bereit. Der leise, respektvolle und freundliche Umgang zwischen Mensch und Hund ist dann möglich, wenn der Hund seine Bereitschaft zum Gespräch signalisiert. Hier setzt die Ausbildung an. Dabei gibt es die ethischen Aspekte, die schon erörtert wurden, es gibt methodische Ansätze und demzufolge auch technische Hilfen. All das aber formt sich nur zum Ganzen, wenn das Konzept dem Steuermann oder Piloten in diesem Team klar ist. Und die Funktion des Piloten übernimmt immer der Mensch.

Im Dialog zur Lösung

Dolmetscher braucht es nicht. Die HarmoniLogie arbeitet mit dem direkten Gespräch. Dolmetscher, wie etwa Leckerbissen oder Spielzeug, die einen Dialog aufrechterhalten sollen, werden nicht verwendet und sind auch nicht nötig. Kommunizieren statt konditionieren heißt der Weg zum Erfolg. Der Hund findet die richtige Lösung durch das Angebot, das er dem Menschen macht. Dieses Angebot kann durchaus auch auf die bloße Bereitschaft zum Gespräch beschränkt bleiben. Die Gesprächsbereitschaft reicht aus, um dann mit positiver und gezielter Hilfestellung des Menschen zur Lösung zu führen. Macht der Hund auf dem Weg dorthin etwas falsch, erfährt er eine Störung durch seinen Kommunikationspartner und hat dann immer die Möglichkeit, diese Störung aus eigenem Antrieb abzustellen, indem er wieder ein neues Angebot macht.

Mit kleinen Schritten zur Lösung. Das Prinzip lautet: Findet der Hund die erwünschte und richtige Lösung, wird er nicht mehr gestört. Erarbeiten kann er sich die Lösung in kleinen Schritten und erhält stets eine Rückmeldung, ob er auf dem richtigen Weg ist. Die Politik der kleinen Schritte (→ Seite 130) ist ein tragendes Element der HarmoniLogie, weil sie zu jedem Zeitpunkt eine Interaktion zwischen Mensch und Hund zulässt, die Interaktion in Form eines feinen Gesprächs. »Fein« beinhaltet klare, aber leise und zurückgenommene Signale, die eine besondere Bindung zwischen Mensch und Tier herstellen können. Auch das ist leider ein Punkt, den viele Halter kaum zur Kenntnis nehmen oder sogar für falsch halten: Der Hund wird durch die Präsenz des Menschen angeleitet und geführt, niemals jedoch durch Krafteinwirkung, Lautstärke oder gar Härte.

Was zählt, ist Präsenz

Bei meiner Arbeit als Schäferin kann ich einem an der Herde arbeitenden Hund keine Leckerchen bringen, nur weil er 300 Meter entfernt hübsch Platz gemacht hat. Ich muss mich auf meine vierbeinigen Mitarbeiter verlassen können und sicher sein, dass meine Präsenz viel stärker ist als die Reize, die von außen auf sie einwirken. Meine Arbeit ist nicht vergleichbar mit einer starren, vorgegebenen Choreografie, sie basiert vielmehr auf der unmittelbaren Gesprächsbereitschaft. Eine klare, unmissverständliche Gesprächsführung und die exakte Ausführung sind in meinem Beruf existenziell. Ebenso wie ein großes Maß an Motivation, Kooperationsbereitschaft und Leistungswillen.

Der gesprächsbereite Hund ist voll motiviert und konzentriert sich ganz auf seinen Menschen.

Auffallen durch Nichtauffallen

Ein nach den Prinzipien der HarmoniLogie erzogener Hund ist leicht zu erreichen, leicht zu korrigieren und macht dem Menschen schon bei leiser Ansprache umgehend ein Angebot. Die Leichtigkeit des Umgangs zeichnet solche Tiere besonders aus. Sie fallen dadurch auf, dass sie nicht auffallen: Sie zerren nicht an der Leine und kläffen nicht ständig – ob motiviert oder unmotiviert – in der Gegend herum. Sie versuchen bei Begegnungen mit Artgenossen nicht den dicken Max zu spielen, sie sind mit einem Ohr immer bei ihrem Menschen und suchen bei jeder Interaktion den Blickkontakt zum Piloten. Sie drängen und bedrängen nicht und fordern nicht in den Lektionen. Sie sind durchgängig hoch motiviert und arbeiten konzentriert und schnell an der Lösung. Typisch sind auch ihre selbstständige Kontaktaufnahme und die Angebote, die sie dem Menschen ganz aus freien Stücken machen. Äußerlich erkennt man ihre Gesprächs- und Kooperationsbereitschaft an der Haltung der Rute, die unter die Waagerechte abgesenkt wird und freudig zu wedeln beginnt, sobald der Hund angesprochen wird.

DAS RICHTIGE LOB SORGT FÜR WOHLTUENDE ENTSPANNUNG

1 Schon ein Welpe lernt, wie gut der positive Kontakt mit den Händen des Menschen ist. Warmes und sanftes Abstreichen von Gesicht, Kopf und des gesamten Körpers sorgen für Entspannung. Da ist für den jungen Hund die Harmonie, die er immer wieder sucht.

2 Das Abstreichen stellt eine Form des aktiven Lobs (→ Seite 59) dar. Damit lassen sich auch ältere Tiere für die Harmonie begeistern. Und selbst bei schwierigen und abweisenden Hunden findet man über diesen gefühlvollen und warmen Körperkontakt immer wieder einen guten Zugang.

3 Das Abschmatzen ist ein typisches Zeichen der Entspannung. Ausgelöst wird die Reaktion über Reflexzonen im Gesicht des Hundes (→ Seite 60). Bereits bei zehn Tage alten Welpen kann man so auch das Gähnen hervorrufen.

Lobt man sie, drücken diese Tiere den Kopf fest in die Hand des Menschen. Bemerkenswert ist auch, dass sich solche Hunde selbst unter Ablenkung leicht ansprechen lassen und dabei aufmerksam jede Bewegung des Menschen registrieren.

Auch Harmonie hat ihren Preis

Sachlich und selbstkritisch. Das Streben nach Harmonie verlangt einen Einsatz, den der Mensch erbringen muss. Unverzichtbar sind das direkte Gespräch, sachliche Kritik und deutliches Lob. Entscheidend für Ausbildungserfolg und Schulungstempo sind aber auch der möglichst emotionsfreie Unterricht, ein gutes Timung und nicht zuletzt das Anerkennen selbst kleinster Schritte in die gewünschte Richtung. Mit Hunden arbeitet man immer im Hier und Jetzt, rückwärtsgerichtete Analysen nützen wenig und hemmen die Spontaneität und Diskussionsbereitschaft. Nicht nur der Hund macht Fehler, die Fähigkeit zur Selbstkritik schärft den Blick und hilft Probleme schneller zu lösen.

Sagen, was man meint. Es ist der Mensch, der sich bemühen muss, Farbe in seine graue Sprache zu bringen. Farbe, die das Herz des Hundes erreicht. Zum Beispiel mit einem Lob, das ernst gemeint ist, als verbale Streicheleinheit bei ihm ankommt und die Sinne als »fühlbarer Wert« anspricht. Direkt mit dem Hund kommunizieren heißt, ihn direkt zu kritisieren, wenn er nicht gesprächsbereit ist, und zu korrigieren, wenn er Fehler macht. Aber keine Angst, Rom wurde nicht an einem Tag erbaut, und kleine Schritte erreichen auch das Ziel. Sagen Sie das, was Sie meinen, und meinen Sie das, was Sie sagen. Achten Sie auf klare Signale und bemühen Sie sich immer wieder um einen herzlichen Gesprächston.

Vom Glück der Partnerschaft mit einem wunderbaren Wesen

Mit Köpfchen statt Kraft. Die HarmoniLogie arbeitet mit Kraftverzicht. Das bedeutet, dass der Mensch seine Überlegenheit nicht durch Krafteinwirkung, sondern über intelligentes Handeln erreicht.

Zerren an der Leine ist zum Beispiel tabu. Das des Hundes sowieso, hier aber ist der an der Leine zerrende Mensch gemeint. In den Übungen der HarmoniLogie lernt der Hundehalter, wie man seiner Körpersprache und seiner Stimme vertraut und sie ganz gezielt einsetzen kann. Die HarmoniLogie lässt dem vierbeinigen Schüler die Wahl zwischen Harmonie und Disharmonie und gibt ihm so die Chance, selbstständig und ohne Druck zur erwünschten Lösung zu kommen. Jede massive Einwirkung von außen würde diesen Prozess gefährden oder sogar unmöglich machen. Das Credo der HarmoniLogie kann man auf einen kurzen Nenner bringen: Was der Hund als angenehm oder unangenehm erfährt, entscheidet er selbst und niemals der Mensch! Die Strukturen der HarmoniLogie sind so einfach und übersichtlich, dass der Hund sie versteht und akzeptiert.

Die Kraft, die ein Tier gegen den Menschen aufbringt, darf der Mensch halten, aber nicht überwinden. Die stehende Hand, die den Hund nicht am Hals nach hinten zieht, ihn gleichzeitig aber auch nicht nach vorne entlässt, ist eine enorm wichtige Hilfe in der Ausbildung. Wer seine Wahrnehmung für das Thema Kraft sensibilisiert, erkennt meist erst, wie häufig und unreflektiert der Mensch das Tier durch Krafteinwirkung und nicht über den Geist anspricht. Für die HarmoniLogie hat das »Don´t touch«, das Nichtberühren, zentrale Bedeutung und ist bestimmender Bestandteil aller Lektionen.

Die Basics der HarmoniLogie

Kapitel 4 DIE HARMONILOGIE ARBEITET MIT DEM GESPRÄCHSBEREITEN HUND. DER DIALOG NUTZT LOB UND KRITIK, UM ZUR HARMONIE ZU KOMMEN.

Das intelligente Spiel von Harmonie und Disharmonie

Streben nach Harmonie. Jeder Hund hat Dinge, die er wohlig annimmt und Dinge, die er unwohlig oder widerwillig annimmt. Sie müssen herausfinden, wie Sie Ihren Hund motivieren können, ihn also positiv beeinflussen, aber auch, wie Sie ihn negativ beeindrucken, wenn es nötig ist. Mit beiden Faktoren spielt der Pilot auf eine intelligente und sensible Art und Weise, wobei der Hund stets den wohligen, angenehmen Zustand anstrebt. Dabei verzichtet die HarmoniLogie auf Verstärker und Belohnungen wie Leckerbissen und Spielzeug. Der Hund wird nicht verführt oder überwältigt, sondern überzeugt. Die Triebbefriedigung im Spiel ist nicht Teil der Schulung, dient aber der Beschäftigung und Entspannung in den Unterrichtspausen und macht den Hund fit für die nächste Lektion.

Gesprächsbereitschaft ist das A und O der Kommunikation

Grundlage jeder Kommunikation mit dem Hund ist seine Gesprächsbereitschaft. Bevor man überhaupt anfängt, mit ihm zu arbeiten, müssen also die Grundvoraussetzungen für den erfolgreichen Dialog geschaffen werden.

Klare Signale verhindern Missverständnisse

Manche Hunde sind von Natur aus zum Gespräch bereit, Welpen sowieso. Der freie Wille zum Austausch braucht aber die Bestätigung des Gesprächspartners; er lässt merklich nach, je öfter ein Hund Gesprächsbereitschaft signalisiert und seine ganze Aufmerksamkeit dem Menschen zuwendet, von diesem aber nicht an- und wahrgenommen wird. Das ist wie bei einem Kind, das der Mutter stolz den mit viel Liebe selbst gepflückten Blumenstrauß präsentiert. Wird er nicht oder nur beiläufig und ohne erkennbare Emotion angenommen, dann wird die Kleine schon bald nicht mehr zur Blumenwiese gehen. Vollends erstickt wird die Gesprächsbereitschaft, wenn auf das Angebot zum Miteinander permanent negativ reagiert wird, zum Beispiel durch unablässigen Druck oder massive Forderungen, aber auch durch unklare und verunsichernde Hilfestellungen oder schlechtes Timing. Am nachhaltigsten unterbindet irrationales und emotionsgeladenes Handeln die Gesprächsbereitschaft. Das stellt dann das Ende jeder Harmonie dar.

Durch Position und Haltung von Kopf und Körper, die Stellung der Rute und den Blickkontakt zum Menschen signalisiert der Hund seine Gesprächsbereitschaft.

Das Alphabet der Rute

Obwohl die Rute der Körperteil ist, der am weitesten vom Kopf des Hundes entfernt ist, verrät sie uns doch am meisten von dem, was den Vierbeiner bewegt. Und weil es vermeintlich so einfach ist, schließt man schnell und gern aus der Rutenhaltung auf die Gemütslage des Hundes zurück: Wedelt er mit der Rute, freut er sich; zieht er sie ein, dann hat er Angst. Ganz so simpel ist es allerdings nicht.

> Die Rute ist nicht allein zum Wedeln da. Mit ihr drückt der Hund seine Gefühle aus und gibt Signale.

Hoch, tief oder waagerecht. Eine hocherhobene Rute ist in der Regel das Signal für triebgesteuertes Handeln: Sie ist typisch für Rüden, die gegenseitig Eindruck schinden wollen, für Hunde, die ihren Bewachungsjob ernst nehmen und jede reale oder vermeintliche Bedrohung verbellen, aber auch für Hunde, die auf Herrchens Leckerchentasche fixiert sind. Eines aber signalisiert die hochgestellte Rute jedenfalls nicht: die Bereitschaft des Hundes zum Gespräch.

Zum Affen machen. »Hunde, die ihre Rute hoch tragen, sind freudige Tiere.« Es ist erstaunlich, wie fest ein Irrglaube in die Köpfe der Menschen eingebrannt sein kann. Die HarmoniLogie bewertet diese Rutenhaltung nicht besonders positiv. Meist geht sie einher mit dem Einfordern eines Beutestücks beim Halter, etwa in Form von Leckerbissen. Und dafür macht sich so mancher Hund gerne einmal zum Affen. Eine verlässliche und dauerhafte Zuwendung ist das jedoch nicht: Der Reiz bleibt immer nur so lange bestehen, wie er nicht durch andere, intensivere, verlockendere oder spannendere Auslöser ersetzt oder überlagert wird.

Angeber sind nicht gefragt. Die Rute stabilisert das Gleichgewicht, sie ist für den Hund aber vor allem ein wichtiges Instrument der Kommunikation. Bei jungen Hunden stellt sie so etwas wie einen Fahrradwimpel dar, der ihre aktuelle Position markiert und die tapsigen Winzlinge davor schützen soll, von ihren erwachsenen Artgenossen ständig über den Haufen gerannt zu werden. Beim Welpen ist sein hochgerecktes Rattenschwänzchen sinnvoll, ein Hund in einem aktiven Rudel stellt die Rute hingegen nur selten auf – und zwar je höher sein Ansehen ist, desto seltener. Der souveräne Hund trägt die Rute entspannt unterhalb der Waagerechten, weil er sich

DIE HALTUNG DER RUTE

1 Die Haltung der Rute sagt viel über die Gesprächsbereitschaft des Hundes aus. Es gibt eine Reihe von Rassen, bei denen die hoch getragene Rute rassetypisch und genetisch bedingt ist, zum Beispiel viele Terrier und Spitze. Aber auch diese Hunde sind in der Lage, die Rute beim Dialog mit dem Menschen unterhalb der Waagerechten zu halten.

2 Der hoch konzentrierte Hütehund trägt die Rute deutlich unter der Waagerechten. Das zeigt, dass er maximal gesprächsbereit ist. Er ist »auf Empfang« und wartet auf die Anweisungen des Menschen. Auch bei der Verständigung unter Artgenossen spielt die Rute eine wichtige Rolle. Zum Glück ist es bei uns heute verboten, die Rute des Hundes zu kupieren.

nicht beweisen muss und Machtspielchen nicht nötig hat. Oft genug ist es der Mensch am anderen Ende der Leine, der sich über den angeblich so starken Trieb seines Vierbeiners profilieren will und ihn dabei unterschwellig zu Großmannssucht und Angeberei anstachelt. Leider verschließen diese »Hundekenner« die Augen vor der Realität. Sonst würden sie nicht übersehen, dass ihr Schätzchen schlicht unerzogen ist. Dann könnte vielleicht sogar die eine oder andere kritische und unschöne Situation vermieden werden.

Voll konzentriert. Ein Hund, mit dem man nach der HarmoniLogie-Methode arbeitet, trägt seine Rute entspannt unterhalb der Waagerechten, sobald er angesprochen wird. Die Rute ist sehr aktiv, und der Hund kann jederzeit zum Wedeln motiviert werden. Bei meiner Arbeit als Schäferin haben unsere Border Collies meine Wahrnehmungen und Ansichten zur Rutenhaltung sehr begradigt: Je konzentrierter sich die Hunde ihrer Arbeit widmen, desto tiefer tragen sie ihre Rute. Das geht so weit, dass die Rute manchmal fast bis zum Bauchnabel eingeklappt wird. Diese Rutenhaltung der Hütehunde signalisiert dabei keineswegs Furcht, sondern maximale Konzentrationsbereitschaft.

Die Haltung von Kopf und Rücken

Rücken. Die Rückenlinie des Hundes sollte entspannt und nicht aufgezogen sein. Fast jeder Besitzer freut sich, wenn sein neben ihm laufender Hund Kopf und Rute hebt und sehnsüchtig nach einem Leckerli oder Spielzeug in der Hand des Menschen schielt. Doch diese Haltung des Körpers resultiert aus einer starken Kontraktion und Verkürzung der Rückenmuskulatur. Wird die ungesunde Verschiebung längere Zeit beibehalten, veranlasst sie den Hund nicht selten zum Wechsel in den Passgang. Der Passgang, der durch die Verkürzung der Rückenmuskulatur ausgelöst wird, ist eine krankhafte Bewegungsform, die schwere Folgeschäden an Wirbelsäule und Rückenmuskulatur nach sich ziehen kann.

Kopf. Ein gesprächsbereiter Hund wendet den Kopf ruhig und aufmerksam dem Piloten zu und wartet in aller Ruhe dessen weitere Informationen ab. Augen und Ohren sind auf den Menschen gerichtet. Bei Kritik werden die Ohren angelegt. Der Hund hält seinen Kopf zum Abstreichen hin, und er schmatzt während oder nach der Berührung ab.

Ohne Blickkontakt gibt es kein Gespräch

Dem Dialog unter Rudelmitgliedern geht immer der Blickkontakt voraus. Der Austausch visueller Signale hat in der Gruppe eine weit größere Bedeutung als die Verständigung mit der Lautsprache. Das Halten des Augenkontakts ist auch ein Indiz für die Position eines Hundes in der Hierarchie des Rudels: Der Untergeordnete wendet immer als Erster den Blick ab. Danach dreht er dann auch Kopf und Schultern weg.

Basis des Informationsaustauschs

In der Kommunikation zwischen Halter und Hund muss der Mensch zunächst in der Lage sein, den Blickkontakt zu seinem Tier aufzubauen. Dabei hat das Halten des Blickes hier keine Dominanzfunktion. Es soll ausschließlich den Informationsaustausch zwischen den Gesprächspartnern ermöglichen. Grundvoraussetzungen hierfür sind Aufmerksamkeit und Gesprächsbereitschaft.

»Kommunikationshilfen« lenken ab

Im gleichen Augenblick, in dem es dem Menschen gelingt, sich Aufmerksamkeit zu verschaffen, geht die Rute des Hundes nach unten. Das ist ein Automatismus. Der Hund stellt keine Forderung und er bedrängt nicht. Viele Halter bewerten es als Gesprächsbereitschaft, wenn ihr Hund massiv fordernd und anmaßend die Tasche mit den Leckerchen fixiert. Dabei ist der Blick jedoch ausschließlich auf die Tasche gerichtet. Die vermeintliche Kommunikationshilfe verhindert den direkten Blickkontakt und macht damit die Kommunikation unmöglich. Der Hund spricht quasi mit der Leckerchentasche – statt mit seinem Menschen. Es macht mir immer wieder viel Spaß, wenn ich beobachte, wie mancher Halter seinen Leckerchen fordernden Hund zum Blickkontakt animieren will, indem er sich Drops oder Ähnliches vor die Augen hält oder auf die Nase klebt.

TIPP

SCHAUEN SIE, WOHIN IHR HUND SCHAUT!

Ihr Hund sollte seinen Blick stets auf den Dialogpartner richten – und der sind Sie. Sie sollten immer ein Auge dafür haben, wohin der Hund schaut. Bereits die Blickrichtung kann eine Aggression ankündigen. Fixiert Ihr Rüde zum Beispiel einen potenziellen Widersacher auf der anderen Straßenseite und hat dabei auch noch die Rute aufgestellt, sollten Sie unverzüglich einschreiten und ihn zum Beispiel ablegen.

Den Blickkontakt trainieren

Damit ein Hund in der Lage ist, den Blickkontakt zum Menschen aufzubauen und zu halten, braucht es eine gewisse Form von Kondition. Die ist bei jungen Tieren noch nicht entwickelt beziehungsweise nur unvollkommen ausgereift, lässt sich aber durch regelmäßiges Training schnell verbessern. Dabei lernt der Vierbeiner auch, wann das Gespräch beendet ist und er den Augenkontakt nicht mehr halten muss. In den Lektionen kann man gezielt auch das Abwenden des Blicks üben, falls es die Situation erfordern sollte.

Einstellen des Hundes nach dem HarmoniLogie-Prinzip

Als Einstellen eines Hundes definiert die HarmoniLogie eine jederzeit durch ein leises und freundliches Kommando herstellbare Gesprächsbereitschaft. Um Missverständnisse zu vermeiden: Hier ist die Rede von Einordnung und einer stabilen Kommunikationsbasis, die der Pilot aufbauen möchte. Dafür braucht er die ungeteilte Aufmerksamkeit des Hundes. Verlangt wird nicht devotes, unterwürfiges Verhalten des Schülers, sondern sein volles Interesse und der Wille zur Kooperation. »Was kann ich für dich tun?«, lautet die Frage, die der aufmerksame Hund dem Halter stellt.

Zum Gespräch animieren

Wenn wir miteinander sprechen, signalisieren wir unsere Gesprächsbereitschaft durch Blickkontakt, Körperhaltung, Nicken des Kopfes, auffordernde Gesten und Lautzeichen und animieren unser Gegenüber so zum Weiterreden. Wenn der Gesprächspartner trotz der unmissverständlichen Aufforderungen aus dem Fenster schaut oder lieber weiter Zeitung liest, ist das zumindest achtlos und unhöflich oder sogar frech.

Von ihrem Hund aber lassen sich unzählige Halter genau das tagtäglich gefallen. Sie nehmen es einfach kritiklos hin, dass er sich dem Gespräch verweigert oder mittendrin anderen Interessen nachgeht. Das kann und darf nicht sein! Wenn ich meinen Hund beim Namen anspreche, muss ich erwarten können, dass er sich voll auf mich konzentriert und mir seine ungeteilte Aufmerksamkeit schenkt. Welpen sind in dieser Hinsicht noch völlig offen und entsprechend leicht zu führen, bei erwachsenen Hunden, mit denen über lange Zeit ganz anders gearbeitet wurde, ist es schwieriger. Für den Profi ist aber auch das kein Problem, Erstbesitzer brauchen hingegen meist länger, um ihren Hund nach dem HarmoniLogie-Prinzip einzustellen oder zu aktivieren. Bei einigen Hunderassen ist der »Will to please«, der Wunsch zu gefallen, genetisch fixiert. Ein Freibrief ist diese Prädisposition aber nicht: Selbst bei solchen Hunden kann die bereits vorhandene Gesprächsbereitschaft zum Erliegen kommen, wenn die Erziehung zum Dialog vernachlässigt wird und die falschen Signale gegeben werden. Vergleichbar ist die Situation mit der eines Meisters, der dem Auszubildenden etwas erklären will. Der aber bohrt in der Nase und schaut gelangweilt aus dem Fenster. Statt einfach weiterzureden oder ihn anzuschreien, wäre ein »Hey, hör zu« weitaus sinnvoller. Das gilt auch bei Hunden. Gerade hier wird man nämlich gerne laut und wiederholt die Kommandos zigfach, so als wäre der Vierbeiner stocktaub oder total begriffsstutzig.

Unzählige Halter lassen es sich tagtäglich gefallen, dass ihr Hund sie überhaupt nicht beachtet.

Statt Leckerchen gibt es Lob: Regelmäßiges sanftes Abstreichen seines Gesichts vertieft die Bindung des Hundes an den Menschen und fördert Aufmerksamkeit und Konzentration.

Der richtige Umgang mit Lob und Respekt

Trauen Sie Ihrem Bauchgefühl! Je nach Situation muss der Halter auf das Verhalten seines Hundes möglichst prompt reagieren. Als Pilot übernimmt er das Steuer und führt das Gespräch. Entscheidend dabei ist, dass er im Bruchteil von Sekunden erkennt, ob er den Hund loben, kritisieren oder ihm bestimmte Hilfestellungen anbieten muss, um ihm den Weg zur gewünschten Lösung zu erleichtern. Die richtige Einschätzung der Situation ist die Voraussetzung für das Gespräch mit dem Hund und für die Signale, die der Halter dabei einsetzt. Nicht immer ist der Kopf hier hilfreich. Verlassen Sie sich auch auf Ihr Bauchgefühl. Das kommt ohne komplizierte Regeln aus und reagiert weit schneller als der Verstand, der viel Zeit investiert, um das Für und Wider abzuwägen.

Die wichtigsten **Werkzeuge und Erziehungshilfen** der HarmoniLogie

Harmonie ist das Ziel, und sie versetzt den Hund in einen wohligen und angenehmen Zustand. Eine harmonische Balance wird vor allem mit den Erziehungshilfen des aktiven und passiven Lobs erreicht. Mit Lob sollten Sie nie sparen. Trotzdem darf es nur sehr gezielt eingesetzt werden, um seine Wirkung nicht zu verfehlen.

Das Lob ist der Schlüssel zur Harmonie

Der Wert des Lobs und die Bedeutung des Lobens ist vielen Menschen verloren gegangen. Im Gespräch mit dem Hund spielt das Lob eine zentrale Rolle. Schon eine leichte Berührung oder ein einzelnes Wort können nachhaltige Wirkung erzielen. Es ist nicht übertrieben, wenn man das Lob als Schlüssel zum Erfolg bezeichnet. Entscheidend dabei ist aber auch, dass der Gesprächspartner Mensch genügend sensibilisiert ist, um die Reaktion auf sein Lob wahrnehmen zu können.

Aktiv loben

Das aktive Lob begleitet den Hund in erster Linie verbal, wird aber möglichst auch durch feine, ruhige und warme Berührungen wie Ausmassieren und Abstreichen begleitet und unterstützt. Der Hund wird dabei aber weder ausgeklopft noch durchgescheuert, sondern vielmehr durch gefühlvolles und langsames Ausstreichen der Gesichtsmuskulatur und glattes, ruhiges Ausmassieren der Rückenmuskulatur in einen wohligen Zustand der Entspannung versetzt. Dazu beginnt man langsam und bedächtig und mit warmer und fester Hand im Gesicht und massiert den Hund von vorne nach hinten bis hin zur Schwanzspitze. Das aktive Lob über diese Form des Körperkontakts führt automatisch zur Harmonie.

> Machen Sie selbst aus kleinen Etappensiegen eine fröhliche Feier für Ihren Hund.

Jedes Lob ein kleines Fest. Vielleicht hat Ihr Hund gerade etwas Positives geleistet oder nach Kritik an einer Fehlhandlung sein Verhalten geändert; vielleicht hat er die erwartete Lösung gefunden und das richtige Angebot oder den entscheidenden Schritt hin zur Bewältigung der Aufgabe gemacht. Sie dürfen und sollten jede seiner Bemühungen anerkennen und durch Lob fördern. Machen Sie aus solchen Bestätigungen ein kleines Fest, eine fröhliche Feier für Ihren Hund. Dabei ist es für den Vierbeiner und seine Erziehung sehr viel motivierender, wenn die kleinen Übungsschritte und die kleinen Etappensiege gefeiert werden, statt ihn am Ende einer eventuell ermüdend langen Trainingseinheit mit endlosen Liebkosungen zu überhäufen.

Abstreichen als elementare Berührung. Oft streichen wir uns automatisch und fast unwillkürlich übers Gesicht. Achten Sie einmal bewusst darauf, und Sie werden bemerken, dass Sie es vor allem nach einer Anstrengung sehr häufig machen. Beim Hund führt das Abstreichen des Gesichts zur wohltuenden Entspannung. Verantwortlich dafür sind Reflexzonen, die in der Nasalfalte und in den Wangen sitzen. Bei Welpen kann man über den Backenreflex das Gähnen auslösen. Je langsamer und ruhiger der Hund berührt wird, desto entspannter reagiert er. Gutes und gründliches Abstreichen führt immer dazu, dass der Hund abschmatzt. Erstaunlicherweise schmatzen dabei gerade Hunde, die unter Belastung standen und einen harten Arbeitseinsatz hinter sich haben, innerhalb kurzer Zeit ab. Jede Berührung des Piloten ist für den Hund ein positives Erlebnis, und das Abstreichen ist eine der elementarsten Berührungen. In diesem Kontext möchte ich anmerken, dass Hunde, die auf herkömmliche Weise mit Ausklopfen gelobt werden – besser: vermeintlich gelobt werden –, nur selten stillhalten. Sie ertragen die Attacke der Hände

ABSTREICHEN IST EINE WICHTIGE BEZIEHUNGSARBEIT

1 Der direkte Körperkontakt spielt die zentrale Rolle beim aktiven Lob. Mit warmer und fester Hand streicht der Hundehalter dem Vierbeiner – beginnend im Gesicht – über den Körper. Voraussetzung ist der gesprächsbereite Hund, der seine Aufmerksamkeit voll und ganz auf den Menschen richtet.

2 Vom Kopf gleiten die Hände über Nacken und Schultern des Hundes. Die sanfte und ruhige Berührung löst den Stress und wirkt stimmungsfördernd. Das Abstreichen ist nicht allein eine Körperaktion, sondern vor allem eine Beziehungsarbeit zwischen Mensch und Hund.

3 Durch das ruhige Ausmassieren der Rückenmuskulatur gerät der Hund immer mehr in einen entspannten und wohligen Zustand. Er ist bestrebt, diese positive Erfahrung möglichst oft zu machen und so zur Harmonie zu finden.

ihres Besitzers zwar meist gleichmütig, aber eigentlich auch nur, weil es eine Prozedur ist, die zum Menschen gehört. Trotzdem versucht der Hund sich dieser »Liebkosung« bei der ersten passenden Gelegenheit zu entziehen, er macht sich frei oder nimmt den Kopf zur Seite. Noch eindeutiger reagieren Hunde, die einen Belohnungshappen aus der Hand erwarten: Sie lassen sich meist erst gar nicht abstreichen und ziehen den Kopf sofort weg, wenn sich ihre Spekulation auf den Leckerbissen nicht erfüllt. Welpen dagegen drücken ihren Kopf bereits nach dem allerersten Abstreichen fest in die Hand des Menschen und halten tüchtig still, damit der wohltuende Zustand bloß nicht aufhört.

Passiv loben

Das passive Lob ist aus meiner Arbeit als Schäferin entstanden und entspricht den besonderen Anforderungen, die dieser Beruf sowohl an mich als auch an meine Hunde stellt. Das passive Lob ist für die Alltagspraxis der Schäferei unverzichtbar und daher von elementarer Bedeutung. Ich setze es weitaus häufiger ein als das aktive Lob; der Großteil meiner Kommunikation mit den Hunden beruht darauf, dass ich die Aktionen meiner Tiere wortlos, also ohne jeden Kommentar akzeptiere. Ich nehme das Vorgehen und die Handlungen der Hunde einfach hin.

Stillschweigend bestätigen. Wenn ich als Schäferin mit der Schafherde unterwegs bin, muss jeder meiner Hunde bei einem Umtrieb annähernd 500 Signale befolgen. Ich kann es mir allein vom Aufwand schlichtweg nicht leisten, meine Hunde für jede positive Handlung immer wieder zu loben. Die Tiere wären auch nicht in der Lage, jedes Lob herauszufiltern und einer vorausgegangenen Aktion zuzuordnen. Der Versuch würde kläglich scheitern und zur erheblichen Irritation der Hunde führen. Und das darf nicht passieren, weil sie sich dann nicht mehr zu hundert Prozent auf ihre eigentliche Tätigkeit, das Hüten der Schafe, konzentrieren könnten. Von anderen Ausbildungsmethoden wird es als Ignoranz gewertet, wenn man das Verhalten eines Hundes einfach unbeachtet lässt und ohne Rückmeldung toleriert. In der HarmoniLogie kommt aber genau diese Form des Umgangs einem Lob gleich. Eine neue Erfindung ist das allerdings nicht: Wenn ein junger Hund sich gegenüber einem älteren Artgenossen Unarten erlaubt und der ältere toleriert diese Verhaltensweisen, dann wird der Youngster sie bei allernächster Gelegenheit wieder zeigen. Ähnliches gilt in der Kommunikation von Mensch und Hund: Nehmen wir kritiklos hin, dass sich unser Vierbeiner auf dem Teppich löst, dann wird er es wieder tun; sieht man tatenlos zu, wie er ein kleines Kind anspringt und umwirft, kommt ihm nicht in den Sinn, sein Verhalten zu ändern.

Erwünschte Handlungen fördern. Durch Ignorieren wird eine Handlung positiv belegt und gutgeheißen – das kann ein erwünschtes, aber auch ein unerwünschtes Verhalten sein. Darf Ihr Hund ohne Ihr Veto Wurst vom Tisch stibitzen, heißt das für ihn: »Ich habe die Lizenz zum Klauen.« Die HarmoniLogie fördert positive Handlungen durch stillschweigendes Akzeptieren – exakt so, wie ich es tagtäglich mit meinen Hunden praktiziere. Das unausgesprochene Kommando lautet: »Gut so, mach weiter, ich werde dich nicht stören!« Nicht nur unter den besonderen Bedingungen der Hütearbeit an der Schafherde, sondern auch bei den gängigen Zielen der Hundeausbildung ist passives Lob oft das beste Erziehungswerkzeug: So lernt ein junger

Hund das Hinlegen besser und schneller, wenn die erwünschte Aktion ausschließlich stillschweigend bestätigt und nicht durch ein überschwengliches aktives Lob begleitet wird. Denn das würde den kleinen Zappelphilipp, für den die Übung alles andere als einfach ist, wahrscheinlich selbst nach zehn Versuchen noch in null Komma nichts wieder auf die Beine bringen. Das passive Lob hingegen verfehlt seine Wirkung selten. Es sorgt selbst in hektischer Umgebung dafür, dass ein Moment der Ruhe und Entspannung eintritt, ein Zustand der Harmonie im Sinne der HarmoniLogie.

TIPP

AUCH STREICHELN WILL GELERNT SEIN

Sie haben einen Hund und würden sich selbst zu den »Klopfern« zählen? Dann nehmen Sie sich doch einmal die Zeit und suchen sich eine stressfreie Umgebung, um ihn aktiv zu loben und abzustreichen. Lassen Sie ihn zum Beispiel herkommen. Wenn er das gut macht, streichen Sie ihm langsam und gefühlvoll übers Gesicht (→ Seite 59), und Sie bemerken sehr schnell, wie sehr Ihr Hund es genießt.

Unmissverständliche Signale. Der Hund ist ein Spezialist der direkten Kommunikation. Er braucht klare Hinweise; Deutungen und Meinungen kann er nicht interpretieren, und verklausulierte oder versteckte Kommandos sorgen höchstens für Verwirrung. Wird er bei einer unerwünschten Handlung nicht gestört, kann er sie natürlich nicht selbst als negativ bewerten und fährt zwangsläufig mit seinem Fehlverhalten fort. Das kommt besonders häufig bei starken Triebentladungen wie zum Beispiel dem Bellen vor. Kläfft ein Hund ausdauernd und ohne ersichtlichen Grund, und jeder wartet ab, bis er endlich »ausgeredet« hat, dann lernt er nie, dass sein Bellen unerwünscht ist. Das Schweigen seines Besitzers stört ihn dabei überhaupt nicht, er wird es vielmehr als angenehm und motivierend empfinden. Die HarmoniLogie arbeitet an dieser Stelle mit klaren, unmissverständlichen Signalen und lässt keinen Spielraum für Fehlinterpretationen. Der Vierbeiner bezieht eine situationsgerechte Kritik auf sein Fehlverhalten und stellt es in der Regel ab. Direkt im Anschluss sollte er mit einer kleinen Lektion wieder aktiviert werden, um sich so ein Lob seines Trainers erarbeiten zu können.

Überholte Lehrmeinungen. So mancher Hundefachmann wird hier Widersprüche zu anderen Lehrmeinungen erkennen. Eine althergebrachte, aber nur selten reflektierte Schulmeinung ist es zum Beispiel, dass ein Hund schmatzt, um zu beschwichtigen. Das Schmatzen wird dabei als Stressverhalten beschrieben, also abweichend zur HarmoniLogie als negatives Symptom. Allerdings passt dann der genüsslich schmatzende Labrador, der auf den Füßen seines Besitzers einschläft, ebenso wenig ins Bild wie der wohlig abschmatzende Hund, der von seinem Trainer für eine erfolgreiche Aktion ausgiebig gelobt wird.

Ebenfalls gegensätzlich ist die Bewertung des Ignorierens. In der HarmoniLogie hat es als stilles Lob einen sehr hohen Stellenwert, die herkömmliche Hundeausbildung jedoch setzt Ignorieren mit Tadeln gleich. In der Praxis meiner HarmoniLogie-Kurse werden die oben genannten Zusammenhänge immer wieder und unübersehbar unter Beweis gestellt.

Die Bedeutung von Respekt und Disharmonie

Respekt ist die Grundlage jeder Liebe und jeder Beziehung. Ist es mit dem Respekt vorbei, dann ist meist auch die Liebe erkaltet. In der HarmoniLogie bilden Respekt und Vertrauen eine Einheit. Hier heißt die Gleichung: Respekt und Vertrauen gleich Liebe. Respekt muss jedoch erst einmal hergestellt werden, bevor sich überhaupt eine Beziehung zum Hund aufbauen lässt. Respekt ist dabei keine Einbahnstraße, sondern muss gleichermaßen von Mensch und Hund eingebracht werden.

Zeichen von Respektlosigkeit. Fehlender oder unzureichender Respekt kennzeichnet heute leider viele Beziehungen von Menschen und Hunden. Als respektlos seinem Hund gegenüber darf man einen Halter bezeichnen, der immer wieder unbeherrscht und mit offensichtlich – Verzeihung! – abgeschaltetem Gehirn wild an der Leine reißt. Mangelnder Respekt ist auch typisch für Hunde, die lieber ihren Hobbys nachgehen, in der Gegend herumschnüffeln und ihre Aufmerksamkeit auf tausend Dinge richten, anstatt mit ihrem Menschen Kontakt aufzunehmen.

Wie der Herr, so der Hund. Der Respekt vor dem Hund zeigt sich in den verschiedensten Situationen: So gehört es sich beispielsweise nicht, einen Hund einfach anzufassen, ohne dass er es will. Auch wenn es vielleicht etwas bombastisch klingt: Auch der Hund hat das Recht auf seinen eigenen Körper. Dieser Grundsatz gilt natürlich auch umgekehrt: Ein Hund darf den Piloten nicht ohne dessen Einwilligung berühren. Als echt gruselig empfinde ich Begegnungen ängstlicher oder durch schlechte Erfahrungen mit Hunden traumatisierter Menschen mit Vierbeinern der »Keine Angst, der tut nichts, der will nur spielen!«-Fraktion. Hier kann man Respektlosigkeit gleich im Doppelpack erleben: die Respektlosigkeit des Hundes, die von der Respektlosigkeit seines Halters unterstützt wird. Das fehlende Taktgefühl und der respektlose Umgang, den manche Zeitgenossen ihren Mitmenschen gegenüber an den Tag legen, färbt immer auch auf ihre vierbeinigen Begleiter ab. Dass die Begegnung mit dem fremden Raubtier Angst und Panik auslösen kann, wollen viele Hundehalter nicht wahrhaben. Es ist aber nicht nur unverschämt, sondern tatsächlich besorgniserregend und gefährlich, wenn ein Monstrum von 45 Kilo mit seiner dicken Nase und dem Sabbermaul auf ein kleines Kind losstürzt.

Ob der Hund eine Aufgabe erfüllt oder ausgelassen spielen darf: Immer sind Vertrauen und Respekt die Basis der harmonischen Beziehung zum Menschen.

nach dem HarmoniLogie-Prinzip veranlasst den Schüler schon bald dazu, zielsicher die Schublade »Angebote machen« zu öffnen, wodurch sich gleichzeitig seine Kritikfähigkeit verbessert und die Bereitschaft zur Kooperation verstärkt wird. Die Sicherung über die Leine kontrolliert, kanalisiert und beschleunigt diese Verhaltensentwicklung.

No Way Out. Macht der Hund einen Fehler, dann wird er gewarnt. Reagiert er nicht auf die Warnung, dann kommt die Leine zum Einsatz. Sie erlaubt es, ihn geregelt auf Abstand zu halten, ohne dass er sich dabei dem Einfluss des Ausbilders entziehen kann. Erzeugt wird die Distanz entweder durch ein kurzes Erschrecken, Wegscheuchen oder im härtesten Fall durch aktives Bedrängen. Der Hund ist jetzt in der misslichen Lage, dass er nicht aus freien Stücken zu seinem Menschen kommen kann. Bei den meisten Probanden dauert es nur Sekundenbruchteile, bis sie die Situation erfassen und sie ändern wollen. Es ist eine »No Way Out«-Komplikation: Der Hund erfährt aus der Richtung des Menschen einen unangenehmen Reiz, kann ihm aber nicht vollends ausweichen, weil die Leine ihn in seinem Aktionsradius beschränkt. Zwangsläufig muss er sich in diesem Moment mit dem Menschen auseinandersetzen und sich damit auch dessen Kritik stellen. Das führt dazu, dass er von sich aus sehr schnell ein Angebot unterbreitet, um die Situation aufzulösen. Die wiedergewonnene Aufmerksamkeit und Achtsamkeit des Hundes sorgen in Windeseile für wohlige Harmonie zwischen Mensch und Hund. Leinenfreiheit während der Lektionen muss sich der Hund erst durch den Nachweis seiner Kritikfähigkeit und Zuverlässigkeit erarbeiten.

Klare Sache: Passt der Hund nach einer Warnung immer noch nicht auf, wird er sofort bedrängt.

Die Leine erzieht zu Achtsamkeit und Aufmerksamkeit

Für die erfolgreiche und schnelle Korrektur eines Fehlverhaltens über die Leine sind die korrekte Sprache des Menschen und eine klare Warnung und Kritik mitentscheidend. Wichtig sind auch ein breites, festes und gut verschnalltes Halsband und die stabile und belastbare Leine. Der Hund am Ende der Leine bezieht die Kritik des Menschen auf sich und will aus der höchst unangenehmen Situation so schnell wie möglich heraus. Beschwichtigend schenkt er seine Aufmerksamkeit dem Menschen, wodurch ein hohes Maß an Achtsamkeit entsteht. Jetzt macht der Hund ein Angebot und möchte zu seinem Piloten zurückkommen. Das ist der richtige Zeitpunkt, um eine Einladung auszusprechen und das Signal zum Herkommen zu geben. Der Aktion folgen das Abstreichen und ein langer Moment der Ruhe.

Erfolgreich Kritik üben nach dem Ampelprinzip

Die HarmoniLogie behandelt jede Form von Disharmonie nach dem Ampelprinzip. Muss der Hund zum Beispiel wegen mangelnder Gesprächsbereitschaft kritisiert werden, arbeitet sein Trainer mit den Ampelphasen Grün, Gelb und Rot – genau wie im Straßenverkehr. Das Ampelprinzip ist der ideale Weg, um im Dialog mit dem Hund Kritik so sachlich und konstruktiv zu vermitteln, dass sie zum gewünschten Ergebnis führt.

An die Leine gewöhnen: Nach dem Ampelprinzip kann eine Rotphase so aussehen.

Stop and go

Die Ampelphasen. Das Ampelprinzip beruht auf der Methode der Sprache, die in einer Gemeinschaft lebende Tiere untereinander pflegen und die auch dem Menschen einmal zu eigen war. Sozial funktionierende Tiere fallen niemals ohne Vorwarnung übereinander her. Bei Streitigkeiten und Konflikten wird stets zuerst gewarnt, selbst wenn die Warnung noch so dezent und leise ausfällt. Erst wenn der Kontrahent diese Gelbphase nicht beachtet, wird auf Rot umgeschaltet, und es kommt zur Auseinandersetzung oder Bestrafung. Die Rotphase bleibt immer nur so lange bestehen, bis einer der Kontrahenten ein Beschwichtigungsangebot macht und der Konflikt gelöst ist. Unter Hunden, deren soziales Verhalten intakt ist, wird der Streit jetzt sofort beigelegt, es kommt weder zu weiteren Attacken, noch wird der Unterlegene verfolgt. Die Ampel schaltet umgehend auf Grün, die Normalität und Harmonie in der Gruppe sind wieder hergestellt.

Druck machen hilft nicht. Die mit Abstand meisten Probleme im Zusammenleben und Umgang mit Hunden gehen auf mangelnde Angeschlossenheit und somit auch auf die unzureichende und nicht genügend geförderte Gesprächsbereitschaft zurück. Das ist leider der »Istzustand« bei vielen Problemfällen. Spricht man seinen Hund mit dem »Komm«-Kommando an und er reagiert nicht, sind dafür nur höchst selten akustische Probleme oder die unterentwickelte Intelligenz des Hundes verantwortlich. Fast immer lässt die Gesprächsbereitschaft zu wünschen übrig. In der Regel versucht Herrchen jetzt Druck zu machen und wiederholt das Kommando lauter und schärfer. Doch auch hiergegen wird der Hund schnell immun. Das weitere Prozedere ist bekannt: noch lauter, noch mehr Druck. Das Resultat: gleich null. Der Halter versucht seine Hilflosigkeit mit Lautstärke und Druck zu überspielen und vergibt dabei die große Chance, die Situation auf leichte und intelligente Art und Weise für einen wichtigen Lerneffekt zu nutzen.

Als verlängerter Arm ist die Gerte ein wichtiges Hilfsmittel. Auch im Stehen kann der Halter seinen Hund damit sanft abstreichen.

Sensibilisieren für Lob und Kritik

Wenn wir den Hund kritisieren und dabei gleichzeitig rückwärtsgehen, ist das für ihn genauso unverständlich und widersprüchlich, wie von seinem Halter gelobt zu werden, während der direkt auf ihn zugeht. Das ist »Double Dutch«: Der Körper des Menschen signalisiert eine Einladung, obwohl seine Kommandos genau das Gegenteil besagen.

Das Prinzip kleiner Gesten. Generell ist es für Hunde ein positives Signal, wenn man sich rückwärts von ihnen wegbewegt, während sie die direkt auf ihren Körper gerichtete Vorwärtsbewegung als negativ, verunsichernd, einschüchternd oder bedrohlich empfinden. Hier ist nicht die Rede von raumgreifenden Schritten, ausladenden Bewegungen oder »Tanzeinlagen«. Hunde sind extrem aufmerksame Beobachter. Selbst das Verlagern der Körpermitte um wenige Zentimeter oder die winzige Lagekorrektur eines Fußes entgehen dem Hund nicht. Für den Trainer ist es daher wichtig, seine Körperhaltung und seine Bewegungen in jeder Phase der Ausbildung unter Kontrolle zu haben. Ansonsten läuft er Gefahr, die Gesprächsbereitschaft des Hundes durch irritierende und doppeldeutige Aufforderungen zu destabilisieren.

Kritik steht nicht zur Diskussion. Was auf einen Menschen fast gewalttätig wirkt, ist für den sehr viel leidensfähigeren Hund oft nur lästig. Auch massive und lautstarke Kritik prallt an ihm ab, wenn die Signale nicht eindeutig sind, sodass er sie nicht auf sich bezieht. Und häufig genug lässt ihm die Kritik genügend Spielraum für »Interpretationen«, weil der Mensch »Double Dutch« spricht und sich in den Augen seines Hundes damit fast als Trottel outet, den man nicht ernst nimmt, geschweige denn, seine Kritik annimmt und ihm ein neues Angebot macht.

Konsequenz ist unverzichtbar. Wer seinen Hund mit ständigem »Nein« in der Gelbphase verwarnt und nervt, wird von ihm sehr schnell wie Luft behandelt. Der Vierbeiner nimmt die Tiraden seines »Gefängniswärters« ebenso gleichmütig hin wie dessen andere Macken. Einer wirkungslos verpufften Warnung muss die Rotphase folgen, die den Hund augenblicklich zum Dialog aktiviert. Und zwar so deutlich, dass er sie nicht wie das lästige »Nein« abschütteln kann. Nur so lässt sich verhindern, dass der Hund über Gelb hinaus auch für Rot desensibilisiert wird. Zeigt der Einsatz Wirkung, reicht für spätere Kritik wieder die Gelbphase aus. Leider sind nur wenige Halter konsequent genug, bis zu ihrem Hund durchzukommen, und brechen die Lektion auf halbem Weg ab.

Der feine Umgang mit dem gesprächsbereiten Hund

Es ist viel einfacher, hemmungslos am Hals des Hundes zu ziehen, als einen beherzten Satz auf ihn zuzumachen, mit dem man ihn beeindrucken kann. Offensichtlich ist das Leinengezerre auch gesellschaftsfähiger: Zum bestmöglichen Einsatz eines Stachel-Würge-Kettenhalsbands erhält man jede Menge guter Ratschläge. Wenn Sie Ihren Vierbeiner aber einmal in aller Öffentlichkeit deutlich tadeln, dann kann Sie manchmal schon ein schräger Blick treffen.

Auch leise Kritik zeigt Wirkung. Um einen Hund für feine Hilfen zu sensibilisieren, bedarf es häufig zuerst etwas deutlicherer Kritik. Der Umgang mit dem sensibilisierten Hund hingegen verläuft ausgesprochen leise, fein und sanft. Der gut eingestellte Hund nimmt selbst Warnungen wahr, die kaum hörbarer sind als ein etwas stärkeres Ausatmen. Der Unterschied zwischen einem eingeschüchterten und dem gesprächsbereiten Hund ist eklatant: Das verschreckte Tier macht dem Menschen kein Angebot, sondern möchte am liebsten unsichtbar werden, sein zum Dialog bereiter Artgenosse hat nach der leisen Kritik sofort ein Angebot parat, um den Konflikt zu lösen und schnell wieder zur Harmonie zu gelangen.

Ausschütteln der Leine. Die Gesprächsbereitschaft bietet den richtigen Nährboden für den reibungslosen Informationsaustausch. Ein Beispiel von vielen: Der Hund zerrt an der Leine. Der Mensch will die Unart abstellen und knurrt seinen Hund leise an, der aber darauf nicht reagiert. Anstatt ihn jetzt an der Leine zurückzuziehen, scheucht der Trainer ihn zuerst von sich weg. Dann bewegt er sich auf ihn zu und schüttelt die Leine gegen ihn aus, sodass der Hund die Vibrationen deutlich im Nacken spürt. Das betrifft lediglich die kräftigen, recht unempfindlichen Nackenmuskeln und nicht den sensiblen Unterhals wie beim Zurückziehen an der Leine. Die HarmoniLogie nennt das Ausschütteln der Leine »Arrêt« (→ S. 151), ein Begriff, der aus der Reiterei kommt. Wie stark und lang der Arrêt gegeben wird, hängt davon ab, wann der Hund zu beschwichtigen versucht und ein Angebot unterbreitet. Manchmal muss man nur böse gucken, manchmal auf die Erde stampfen oder sich an die Jacke schlagen. Die Aktivierung soll die Achtsamkeit in Gang setzen und nicht darüber hinausgehen. Wichtig: Jede schmerzhafte oder gewalttätige Einwirkung muss ausgeschlossen sein.

Der Hundehalter schlägt mit der Gerte kurz auf den Boden, um sich Aufmerksamkeit zu verschaffen.

Die Gerte in der Hundeerziehung

Wenn man versiert damit umgeht, ist die Reitgerte ein perfektes Werkzeug in der Ausbildung und Erziehung des Hundes. Bei der Arbeit mit Pferden wird die Gerte nie zum Schlagen, sondern nur zum Touchieren verwendet, also für leichte Körperberührungen. Mit der Gerte kann der Trainer punktgenau und blitzschnell den Boden vor dem Hund berühren, um den Burschen einmal wach zu machen. Und er muss sich dabei nicht über den Hund beugen, was der als Bedrohung und Einschüchterung empfinden könnte.

INFO VOR ALLEM MOTIVIEREN

Die Aktivierung der Gesprächsbereitschaft muss unbedingt zu einem freudigen und motivierten Miteinander führen. Die beste Kritik ist die, die nicht nötig ist. Im Zentrum des Dialogs mit dem Hund steht immer Motivation statt Frustration. Benutzen Sie einfache und bereits erlernte Lektionen, um die Konzentration Ihres Hundes in schwierigen Situationen schnell und positiv auf sich zu ziehen.

Doch die Gerte ist bei Hundeleuten verpönt. Oft wird man auch von Passanten angesprochen, die sich über die »Waffe« wundern und den Träger kritisch beobachten. Wenn der Hund dann aber die Gerte einige Wochen später beim Spaziergang selbst trägt und man sie gezielt für Zirkuslektionen einsetzt, lassen sich die Skeptiker meist schnell überzeugen.

Perfekt fürs Pferd. Ein großes und langes Tier wie das Pferd kann mit der Gerte viel leichter bedient werden. Man kann Pferde mit der Gerte antreiben, bremsen, jedes Bein einzeln in Bewegung setzen, das Steigen, Ablegen, Kopfschütteln oder auch Sitzen mit ihr abfragen. Wenn ich ein Pferd mithilfe der Reitgerte ablege, dann würde sich das Fluchttier niemals in diese Position begeben, wenn es Angst vor der Gerte hätte, sondern seinem Instinkt folgen und wegrennen.

Effektiv wie ein Dirigentenstab. Die HarmoniLogie setzt die Gerte beim Hund ein, weil sie sowohl positive wie negative Informationen sehr exakt transportieren kann und so die Effektivität des Gesprächs steigert. Die Gerte dient dazu, Respekt herzustellen, sie wird aber auch zum feinen und zärtlichen Abstreichen eingesetzt, ohne dass sich der Trainer zum Hund hinunterbeugen muss. Wenn man dieses Werkzeug mit einem Dirigentenstab vergleicht, wird schnell deutlich, wo seine Vorzüge liegen. Selbst ein temperamentvoller Dirigent wie Herbert von Karajan benutzte den Stab nicht, um sein Orchester bei Temperamentsausbrüchen zu malträtieren, er übermittelte den Musikern damit vielmehr virtuos und auf die Note genau alle Informationen, die für ein orchestrales Zusammenspiel notwendig sind. Auch in der Reiterei dient die Gerte als Dirigentenstab, und genau dasselbe leistet sie in der Hundeausbildung. Die Gerte ist ein Werkzeug, das sich mit etwas Übung außerordentlich intelligent und gefühlvoll verwenden lässt. Und wie so oft in der Ausbildung und Erziehung von Tieren, verabschiedet man sich dann meist bald von seinen Vorurteilen, und ein Hundehalter, der mit der Belohnungsfuttertasche in die Hundeschule gegangen ist, kommt mit einer Gerte wieder heraus.

Auflösen der Disharmonie

Zurück zum Hund, der an der Leine zieht und soeben vom Trainer eine Disharmonie erfahren hat. Macht er jetzt ein Angebot, stoppt der Ausbilder die Disharmonie und lädt seinen Schüler zum Herkommen ein. Hat man richtig gearbeitet, sucht der Hund sofort die Nähe und hält den Kontakt. Es folgt ein sattes Abstreichen. Der Hund sollte stets nur kurz aktiviert werden, ständiges Wiederholen mit weiteren Disharmonien ist nicht mehr nötig, da die wiedergewonnene Harmonie in der Regel über längere Zeit stabil bleibt.

Konstruktive Kritik. In diesem Zusammenhang muss ich ein Wort über das innere Gleichgewicht des Hundes verlieren. Einer negativen Einwirkung muss immer die positive folgen, um im Schüler keine »seelische Schieflage« zu erzeugen. Das Tier soll in der Hand des Menschen schöner werden und nicht schief, weder devot noch aufsässig. Man darf sich das wie eine Waage vorstellen: Auf der einen Waagschale befindet sich das Angenehme, auf der anderen das Unangenehme. Wenn ich Kritik übe und mehr Gewicht auf die unangenehme Seite lege, muss die Waage

EINLADUNG ZUM GESPRÄCH

1 Auf Disharmonie folgt Harmonie. Nach der Kritik macht der Hund ein Angebot: Die Rute ist unten, der Blick auf den Halter gerichtet. Um die Situation positiv zu unterstützen, wird der Hund sofort zum Herkommen eingeladen.

2 Leise und mit freundlicher Stimme ruft der Halter den Vierbeiner zu sich, bis der sich vor ihm hinsetzt. Dabei bleibt der Mensch immer aufrecht stehen. Beugt er sich nach vorne, könnte das auf seinen Hund bedrohlich wirken und ihn zurückweichen lassen.

3 Kommt der Hund nur zögernd herbei, helfen ein bis zwei kleine Schritte rückwärts, um ihn »einzuladen«. Hat der Hund sich schließlich dann doch hingesetzt, ist alles in Ordnung. Sein Blick sollte auf den Menschen gerichtet bleiben. Jetzt hat sich der folgsame Schüler natürlich ein großes Lob verdient.

im nächsten Schritt mit einer konstruktiven Offerte auf der angenehmen Seite wieder in die Balance gebracht werden. Es geht hierbei nicht um Verbote, sondern um Gebote. Ich belasse es daher niemals allein bei der Kritik, sondern mache sofort klar, was ich stattdessen von meinem Hund erwarte. Nur so lässt sich die Harmonie umgehend wieder herstellen. Mit einem »Nein« ist es also nicht getan, entscheidend ist das »Nein, aber …«

Es ist ein wunderbarer Moment, wenn ein Hund dem Menschen seine volle Aufmerksamkeit schenkt.

Zurück zur Harmonie. Nun lernt ein junger Hund, dass er das Gespräch selbst steuern kann. Je früher er in der Gelbphase der Ampelschaltung ein Angebot macht, desto schneller kommt er aus seiner misslichen Lage zurück zur Harmonie. Auch wir selbst nutzen das Ampelprinzip zur Lösung möglicher Konflikte – leider nur im Straßenverkehr und nicht im täglichen Miteinander. Beachtet ein Autofahrer die gelbe Ampel, bleibt ihm – hoffentlich – ein Unfall erspart und ebenso ein Strafmandat. Nimmt er die Warnung nicht zur Kenntnis und fährt bei Rot über die Ampel, kann es unangenehm werden. Zwar rennt kein Polizist hinter ihm her, um ihn körperlich zu maßregeln, aber die Punkte in der Verkehrssünderkartei und der eventuelle Führerscheinentzug schmerzen viel mehr.

Gewaltfrei mit feinen Störsignalen. Viele Hunde erfahren Handgreiflichkeiten immer wieder am eigenen Leib, zum Beispiel über die Leine. Die HarmoniLogie verzichtet auf den Krafteinsatz. Der Pilot erreicht den Hund in der Rotphase wesentlich wirkungsvoller, wenn er seine Aufmerksamkeit fesselt. Man muss es selbst erlebt haben, um zu verstehen, wie wundervoll es ist, wenn der Hund sich voll auf seinen Trainer konzentriert. Hilfestellung sollte man ihm dann geben, wenn er unsicher reagiert und sichtbar angestrengt nach Lösungen sucht. Tabu sind diese Ampelschaltungen: Die Ampel springt ohne Gelbphase direkt von Grün auf Rot. Das lässt dem Hund keine Chance zur Reaktion und für Angebote. Die Folge sind Misstrauen und Angst. Ebenfalls falsch und ohne einen erzieherischen Effekt ist das Dauerblinken in der Gelbphase. Auch wenn der Hund hier mehrere Warnungen nicht beachtet, hat das für ihn keine Konsequenzen. Die Folge: Er ignoriert die gelbe Ampel.

Schläge, den Hund auf den Rücken drehen und andere körperliche Züchtigungen in der Rotphase machen keinen Sinn. Bei einem Raubtier führt das entweder zur völligen Blockade oder zum Angriff, nie aber zum erwünschten Angebot. Beim respektvoll eingestellten Hund erzielt man mit feinen Störsignalen wie einem vernehmlichen Ausatmen oder leisem Knurren genügend Wirkung, um ihn gesprächsbereit zu machen. Kann der Dialog dann wieder fortgesetzt werden, beginnt man mit der Lektion dort, wo sie zuvor abgebrochen wurde.

Angebote machen. Ohne gezielt eingesetzte Kritik kommt man nicht aus. Als Werkzeuge der Kritik eignen sich positive wie negative Störungen unterschiedlicher Intensität. Kritik muss sachlich sein und darf nie von eigenen Emotionen bestimmt werden. Stoppen Sie die Kritik, sobald der Hund Ihnen ein Angebot macht. Wichtig ist, dass dieses Angebot ohne Zeitverlust abgegeben wird. Jede Auseinandersetzung mündet letztlich über die Gesprächsbereitschaft wieder in der Harmonie.

Was gibt es Schöneres als einen gesprächsbereiten Hund, der seinen Halter aufmerksam anschaut und auf das nächste Signal wartet? Vielleicht darf er ja gleich einen Ball apportieren.

Verstehen und verständigen

Kapitel 5 DIE HARMONILOGIE FORDERT UND FÖRDERT DEN GESPRÄCHSBEREITEN HUND UND BRAUCHT ZUR MOTIVATION KEINE ZUSÄTZLICHEN BELOHNUNGEN.

Das HarmoniLogie-Prinzip der direkten Kommunikation

Die Kommunikation mit dem Hund fängt bei uns Menschen an. Aber: Wir leben in einer Welt der Medien. Die Informationsgesellschaft hat uns längst eingeholt. Wir beherrschen Computer und Mobiltelefon und können über Chats und E-Mail kommunizieren. Nur etwas geht dabei leider verloren: die direkte Kommunikation untereinander. Das führt in unserer Gesellschaft immer häufiger und immer drastischer zu Problemen, vor allem bei Kindern und Jugendlichen. Sie haben weniger Beziehungen und erhalten weniger Erziehung, die virtuelle Welt des Fernsehers und der Computerspiele wird zum Ersatz für die fehlenden realen Bezugspersonen. Aber auch der Dialog zwischen den Erwachsenen verkümmert, die Kommunikationsdefizite nehmen zu.

Ohne Tricks und ohne Druck – der offene Dialog mit dem Hund

Der Dialog zwischen Mensch und Hund hat für die HarmoniLogie zentrale Bedeutung als lebendiger Austausch von Informationen. Er verlangt Achtsamkeit und Interesse und soll beiden Seiten Freude machen.

Warum wir so oft aneinander vorbeireden

Der Mensch kann Informationen heute fast nicht mehr aufnehmen, ohne sie mit seiner Wirklichkeit zu füllen. Es ist ein interessanter Aspekt: Wir drehen uns um uns selbst. Mit unserer Intelligenz bedienen wir keine schlichten und reduzierten Muster, sondern benötigen komplizierte Informationen, die diplomatisch korrekt, politisch klug und gesellschaftlich akzeptabel sind, gleichzeitig aber kommunikativ völlig verschnörkelt. Wir können uns heute per E-Mail und SMS austauschen und zum Mond fliegen, aber die einfache zwischenmenschliche Verständigung im direkten Gespräch ist längst nicht mehr die Regel, und wenn, dann oft nur in einer verkrüppelten und entfremdeten Form.

Der Weg in die unpersönliche Mediengesellschaft

Die Fähigkeit, Informationen direkt, wahrheitsgetreu und ohne eigene Wertung zu transportieren, geht uns zunehmend mehr verloren. Ein direktes Gespräch Auge in Auge zu führen und dabei auch den Körper mitsprechen zu lassen und auf seine Signale zu achten, erscheint vielen Menschen angesichts der modernen, angeblich viel schnelleren Kommunikationswege nicht mehr zeitgemäß. Ein unmittelbares Gespräch zu führen, wird als ermüdend und zeitaufwendig empfunden. Weil wir dabei zugleich auch auf die Körpersprache von Gesten und Mimik achten müssen, ist es natürlich deutlich anstrengender als

> In einer von den Medien beherrschten Welt gerät das persönliche Gespräch immer mehr ins Abseits.

die Kommunikation via Computer oder Telefon. Und dann: Wer kann und will sich schon etwas sagen lassen? Kritik ertragen und Kritik angemessen annehmen zu können, ist für viele Menschen schwierig. Nicht selten führt ein einziges kritisches Wort dazu, dass die Beziehung zu einem Gesprächspartner Schaden nimmt. Aber umgekehrt scheint es auch nicht einfach, angemessen, mit den richtigen Worten und im richtigen Ton Kritik zu äußern. Nicht anders ist es mit Anerkennung: Wann wird schon einmal offen gelobt? Und falls doch: Kommt das Lob tatsächlich an? Unser Umgang miteinander ist technisiert, das Persönliche, das Menschliche ist längst auf breiter Front von den Kommunikationsmitteln ersetzt worden.

Luxusobjekt Tier

So wie uns die unmittelbare Beziehung zueinander verloren geht, geht uns auch der Bezug zu den Tieren zunehmend verloren. Früher war das Tier in erster Linie Nutztier. Es wurde gebraucht, es leistete wertvolle Dienste und es wurde respektiert – vom Kutschpferd, dem Ackergaul, der Milchkuh und dem Zugochsen bis zum Wach- und Hütehund. Heute ist der Hund ähnlich wie das Pferd fast nur noch ein Luxusartikel, Freizeitbegleiter für gesellschaftlich relevante Sportarten, oder er dient dem Halter als Ersatz für fehlende Sozialkontakte.

INFO

HARMONILOGIE UND BAUCHGEFÜHL

Die uralte Erfahrung, dass das Bauchgefühl dem Verstand häufig überlegen ist, belegt inzwischen auch die Wissenschaft: 90 Prozent der Nervenverbindungen führen von unten nach oben. Die »Intelligenz des Unbewussten« beeinflusst unser Leben mehr als das rationale Denken. Intuitiv agieren wir meist mühelos und schnell. Die HarmoniLogie vertraut deshalb auch auf das Bauchgefühl.

Im neuen Bild vom Hund kommt seiner Erziehung und Ausbildung kein großer Stellenwert mehr zu. Er soll ein Begleiter in allen Lebenslagen sein und wird zwangsläufig eher vermenschlicht, denn als Tier mit eigenen Ansprüchen ernst genommen. Es fehlen die Aufgaben und Anforderungen, die früher an den Hund gestellt wurden.

Zurück zur Natur

Eine brüchige Beziehung. Unsere verloren gegangene Fähigkeit zur direkten Kommunikation und die Tatsache, dass wir nicht mehr in der Lage sind, Tiere als Tiere zu sehen und zu würdigen, sind auch mitverantwortlich für die schwierige und brüchige Beziehung zum Hund. Um diese »Bruchstellen« und Lücken zu kitten und zu füllen, hat sich ein fast unüberschaubarer und gut florierender Markt von Hundeschulen und Ausbildungsstätten mit den unterschiedlichsten Methoden der Hundeerziehung entwickelt. Sie alle sind die bevorzugten Anlaufstellen einer verzweifelten, von ihren Hunden geplagten Menschheit. Da gibt es Tierpsychologen, Tierflüsterer und Schamanen; zum Einsatz kommen Massage- und Akupressurmethoden, Klicker-Training, Stachelhalsbänder und Flexileinen, Teletakt und Maulkorb, Halti, Geschirre, Eisspray- und Duftbänder. Und die abenteuerlichsten »Studiengänge« und Seminare, in denen der Mensch seine eigene komplizierte Natur nach Herzenslust am Tier ausleben darf.

Seinem Bauchgefühl trauen. Jede Kuh, jedes Schaf und jeder Hund ist in der Lage, den Nachwuchs gut und gewissenhaft zu erziehen und auf das Leben in Herde oder Rudel vorzubereiten. Woher wissen die Tiere so genau, wie das alles funktioniert, und warum scheitern wir Menschen eigentlich immer wieder daran? Uns sind der direkte Bezug, das ungekünstelte Miteinander und der respektvolle Umgang abhanden gekommen. Doch viel braucht es nicht, um wieder auf den rechten Weg zu kommen: sich selbst, seinen Verstand, ein klares Bauchgefühl – und natürlich den tierischen Partner. Die HarmoniLogie zeigt Ihnen diesen Weg und leistet dort Hilfestellung, wo die Kommunikation zwischen Mensch und Hund verbessert werden kann.

Die große Denkfalle

Was für den Hund zählt, ist das Hier und Jetzt. Vergangenheit und Zukunft sind nicht wichtig, wobei wir weder nachweisen können, ob sie ihm überhaupt reell bewusst sind oder in seiner Vorstellungswelt möglicherweise gar nicht existieren. Stellung nehmen kann er dazu nicht. Doch dass die Gegenwart für den Hund absolute Priorität hat, ist unbestritten. Ebenso wie die Tatsache, dass er aus jeder Situation das Beste zu machen versucht. Der Mensch berücksichtigt bei seinen Planungen und Überlegungen in der Regel auch vergangene Vorgänge und Erfahrungen und stellt Mutmaßungen und Berechnungen über die Wahrscheinlichkeit zukünftiger Ereignisse an. Unsere Zeitachse reicht weit zurück, und sie macht in der Gegenwart nicht halt. Der Erinnerung an frühere und der Erwartung künftiger Begebenheiten können wir uns nicht entziehen, sie bestimmen unsere Reaktionen und Handlungen entscheidend mit. Das sieht beim Wolf und den wild lebenden Hundeartigen ganz anders aus. Sie schlagen Beute und fressen, bis sie satt sind. Und wenn der Bauch am nächsten oder übernächsten Tag wieder vernehmlich knurrt, versucht man eben erneut, Beute zu machen. Der Hund ist – ganz anders als der Mensch – ein Überlebenskünstler im Hier und Jetzt.

Ein Hund lebt in der Gegenwart und für die Gegenwart

Hilflose Erklärungsversuche. Unser Denken orientiert sich an Vergangenem und Zukünftigem. Daher können wir die Verantwortung für Handlungen aus dem Jetzt in die Vergangenheit verschieben. So auch in der Erziehung des Hundes, wo wir anhand seiner persönlichen Historie begründen, wie und warum er etwas falsch gemacht hat. Als Erklärung und Entschuldigung dienen da zum Beispiel die schlechte Kindheit des Hundes, seine nicht artgerechte Aufzucht oder traumatische Erlebnisse mit Menschen und Artgenossen.

Der Wolf ist der Stammvater unseres Hundes. Ob Schoß- oder Hütehund: Alle Hunde haben sich Eigenschaften und Verhaltensweisen ihres Vorfahren bewahrt und brauchen das Rudel als Lebensgemeinschaft.

Für seine mangelhafte Leinenführigkeit wird beim Straßenhund, den man vom Urlaub am Mittelmeer mitgebracht hat, das wilde Vorleben als Erklärung bemüht; fürs aggressive Verhalten eines Hundes aus dem Tierheim gegenüber dem Menschen macht man die angeblich unzureichende Behandlung durch das Tierheimpersonal verantwortlich; und der Deutsche Schäferhund, der jeden Artgenossen ohne Vorwarnung anfällt, war nach Aussage seines Halters selbst schon einmal das Opfer einer solchen Attacke.

Sich der Verantwortung stellen. Alle Begründungs- und Beschwichtigungsversuche können nicht darüber hinwegtäuschen, dass letztlich allein die Person Verantwortung für einen Hund trägt, die ihn im Moment des Fehlverhaltens unter Kontrolle haben sollte. Ihre Aufgabe muss es sein, dem Vierbeiner einen stabilen Rahmen vorzugeben, in dem er je nach Situation unterschiedlich reagieren kann, in dem aber kein Platz ist für negatives, unangepasstes und eindeutig fehlerhaftes Verhalten. Dadurch, dass wir versuchen, unser eigenes Fehlverhalten mit der Vorgeschichte des Hundes zu entschuldigen, unterstellen wir ihm zugleich die Fähigkeit, wie ein Mensch zu denken, Erfahrungen abzurufen und in konkrete Handlungen umzusetzen. Von mir hat aber noch nie einer meiner Hunde wissen wollen, ob ich eine schlechte Kindheit hatte oder mit einem Trauma leben muss. Meine Hunde nehmen mich so, wie ich ihnen gerade gegenübertrete, und sie machen aus dieser Partnerschaft immer das Beste.

Armer Hund: Wo der Respekt vor dem Mitgeschöpf verloren geht, wird der Hund vermenschlicht und nicht selten zum Kinder- oder Partnerersatz.

Verhaltensdeutungen helfen nicht

Eifersucht, Angst, Wut, Neid, Zorn: Wenn ich in Versuchung gerate, einem Hund Gefühle zu attestieren, bleibt das zwangsläufig ein unergiebiges Unterfangen. Ich kann ihn nicht befragen und er dazu nicht Stellung nehmen. Ich darf darüber spekulieren, ob mein Hund einen Fehler aus Angst macht oder weil er im Oberstübchen nicht richtig tickt oder weil er gelernt hat, seinen Menschen zu manipulieren. Ob ich mit meiner Einschätzung richtig liege, kann mir niemand sagen.

Ein Hund verhält sich falsch. Obwohl das Fehlverhalten den Menschen ärgert und stört, bekommt er es nicht in den Griff. Beispiel: Beim Spaziergang kläfft der Hund alle männlichen Passanten an. Anstatt ihm unmissverständlich klarzumachen, dass er damit aufhören muss, versucht seine Besitzerin die Situation mit einem verlegenen Lächeln zu retten: »Er mag halt keine Männer, weil er einmal von einem Mann geschlagen wurde.« Der Hund kann dazu nicht Stellung nehmen. Sonst würde er nämlich sagen: »Das ist nicht richtig. Es ist nämlich so, dass mein Frauchen mich jedesmal streichelt, wenn ich Männer anbelle.« Aus Sicht des Hundes ist das Gekläffe also ein völlig korrektes und angepasstes Verhalten. Er agiert im Jetzt und versucht, das Beste daraus zu machen. Leider stimmt das, was er für das Beste hält, nicht unbedingt immer mit den Wünschen und der Wirklichkeit des Menschen überein. Und aus Sicht des Menschen ist es nur der verlegene Versuch, das Fehlverhalten zu überspielen.

Fehlverhalten richtig korrigieren

Der Mensch, der ein Gespräch mit seinem Hund führt und dabei auf dessen emotionale Befindlichkeit reagieren will, quält sich ständig mit der müßigen Frage herum: »Wieso macht er das?« Er bekommt keine Antwort. Der menschlich durchaus verständliche Ansatz zur Ursachenforschung steht uns hier im Weg: Wir hinken zeitlich hinter den Aktionen des Hundes her. Und während wir noch über das Geschehene nachdenken und das Fehlverhalten zu analysieren versuchen, ist der Hund im Jetzt schon wieder weg, und der einzig richtige Moment zur erfolgreichen Fehlerkorrektur ist verpasst. Mit der Neigung zum analytischen Denken unterlaufen wir den direkten Dialog immer wieder und treffen mit einer Kritik dann eher den Hund als den Fehler. Die unmittelbare Reaktion im Moment des Geschehens ist Voraussetzung für eine punktgenaue Wirkung. Das lässt sich am Beispiel eines Films sehr einfach erläutern: Beim Betrachten des Films stellt man fest, dass in einzelnen Sequenzen Fehler auftreten, weil etwa die Belichtung nicht stimmt. Die fehlerhaften Einzelbilder des Filmstreifens müssen markiert und herausgeschnitten werden. Da der Film weiterläuft, bleibt keine Zeit zum Überlegen. Man muss sofort reagieren, um die beschädigten Teile zu erwischen. Wer zu spät handelt, läuft Gefahr, neben den minderwertigen Bildern auch einwandfreie und schöne Sequenzen zu entfernen. Den Film kann man zur Not zurückspulen, um mit der Fehlerkorrektur von vorne zu beginnen. Beim Hund ist das viel schwieriger.

AUF FEHLER SOFORT REAGIEREN

TIPP

Um Fehler Ihres Hundes erfolgreich zu korrigieren, müssen Sie sofort und ohne jeden Zeitverlust reagieren. Wenn Sie erst herauszufinden versuchen, warum er so und nicht anders gehandelt hat, vergeuden Sie wertvolle Zeit, und der Hund verknüpft Ihre Reaktion nicht mehr mit seinem Fehler. Eine kurze Korrektur reicht aus. So findet der Hund schnell wieder zur Harmonie zurück und macht Ihnen ein Angebot.

Korrektes Timing

Das zeitnahe Reagieren auf die Handlungsweise des Hundes stellt für den Menschen das größte Problem dar. Wir müssen uns dafür von gewohnten Verarbeitungsmechanismen unserer Wahrnehmung verabschieden und können die Problembewältigung nicht erst in die Vergangenheit verlagern, indem wir nach den Ursachen des Fehlverhaltens forschen. Einzig entscheidend ist das direkte Agieren und Reagieren. Es geht also um das korrekte Timing – und das gilt generell für alle Stadien des Dialogs mit dem Hund.

Führungsqualität und gut dosierter Respekt

Hund bleibt Hund. Neuere Forschungsergebnisse belegen, dass der Wolf bereits vor ca. 135.000 Jahren domestiziert wurde – weitaus früher als bislang angenommen. Hunde waren schon den eiszeitlichen Jägern und Sammlern treue Begleiter. Das wissen wir von den 14.000 Jahre alten Knochenfunden eines Hundes aus einem nordddeutschen Grab und von Funden in Israel und im Irak. Auf Felsmalereien in Spanien sind Hunde als Jagdhelfer des Menschen der Steinzeit dargestellt. Der Hund ist unser ältestes Haustier, erst dann folgen Ziege, Schaf, Rind, Katze, Esel, Schwein und Pferd. Die viele Jahrtausende alte Partnerschaft war für beide Seiten wichtig. Doch trotz der Nähe zum Menschen hat sich der Hund viele Wesenszüge und Merkmale seiner wilden Vorfahren bewahrt.

Ein Hund handelt wie ein Hund **und er denkt wie ein Hund**

Die Nähe zum Hund bringt es mit sich, dass wir ihn nur allzu gern vermenschlichen. Doch damit gehen ihm Eigenschaften verloren, die wir an ihm bewundern. Der Hund braucht die Freiheit, zu handeln und zu denken wie ein Hund.

Vom Verhalten des Menschen und des Hundes

Der Mensch wird mit dem Hund niemals so gut kommunizieren können, wie es Hunde untereinander tun. Aber man kann einen Hund dazu bringen, dem in Sachen Hundesprache schwerfälligen und unbeholfenen Menschen entgegenzukommen und ihm ein bisschen auf die Sprünge zu helfen. Und es scheint tatsächlich am Entgegenkommen der Vierbeiner zu liegen, wenn wir uns mit ihnen verständigen können, Sprachbarriere und Diskrepanz zwischen der überwiegend optischen Kommunikation auf Seiten des Hundes und der akustischen auf unserer Seite überwinden. Obwohl es für den Dialog selbst von untergeordneter Bedeutung ist, müsste die Antwort auf die Gretchenfrage »Wer ist denn nun kommunikativer?« lauten: der Hund. Er bringt die Bereitschaft mit, sich auf unsere Lautsprache einzustellen, obwohl sie für seine Ohren absonderlich klingen muss. Und ist in der Lage – gute Schulung vorausgesetzt –, aus einem Gespräch mit dem Menschen die erwünschten Handlungen abzuleiten.

Von Leitwölfen und anderen Irrtümern

Die herkömmlichen Methoden der Hundeerziehung gehen im Allgemeinen davon aus, dass der Mensch das »Alphatier« im Rudel sein sollte. Als Schäferin lebe ich sehr eng mit meinen Tieren zusammen. Aber ich möchte ganz sicher weder der Leithammel, das Leitschaf meiner Herde, noch der Leithund des Rudels sein. Ich bin ein Mensch!

> Für eine gelebte Partnerschaft mit dem Hund muss sich der Mensch nicht zum Leithund machen.

Ich bin dem Hund in vielen Dingen unterlegen, und ich bin dem Hund in einigen Dingen überlegen. Ich versuche ihn zu begreifen als das, was er ist: ein hoch qualifiziertes Raubtier. Als Rudeljäger ist er auf die Kooperation und interaktive Kommunikation der Rudelpartner angewiesen. Diese Zusammenarbeit und das reibungslose Verständnis untereinander sind für die wild lebenden Hundearten überlebenswichtig.

Täglich ein neues Kalenderblatt. Von Hundehaltern hört man immer wieder Sätze wie »Mein Hund hat Angst davor, verlassen zu werden«, »Manchmal reagiert er fürchterlich eifersüchtig« oder »Er ist immer gleich beleidigt«. In der Realität der Hundewelt existieren solche Eigenschaften nicht. Ein Hund

Hunden signalisieren, würden die Tiere den Krieg am Gartenzaun beenden und friedlich miteinander umgehen. Wenn der Mensch seinem Hund nicht klarmacht, was er von ihm in der Menschenwelt erwartet, was erwünscht und was unerwünscht ist, wie soll sein Partner auf vier Pfoten es dann wissen? Zum Teil sind es Unbeholfenheit und Gedankenlosigkeit, häufig aber auch persönliche Eitelkeit und verletzter Stolz, die Menschen dazu veranlassen, ihren Hund in seinem Fehlverhalten zu bestärken. Dabei sind sich offenbar nur wenige dieser Zeitgenossen bewusst, wo die Duldungsgrenze verläuft, was man seinem Hund erlauben darf und was nicht.

Führen ohne Gewalt

Es ist gesellschaftlich erlaubt, einen Hund an der Leine hinter sich herzuschleifen. Ohne sich über die Auswirkung viele Gedanken zu machen, zerrt man speziell bei Hunden kleiner Rassen und bei Welpen einfach am Hals, wenn sie stehen bleiben sollen oder zu ungestüm vorwärtsdrängen. Weil der kleine Kerl dem Menschen kräftemäßig klar unterlegen ist und weil der die Erziehung des heranwachsenden Hundes vernachlässigt hat, nutzt er den Kräftevorteil, um seine Wünsche durchzusetzen. Dieser Form der Handgreiflichkeit kann der Hund nicht ausweichen. Meist gewöhnt er sich sogar daran und entwickelt gerade in Bezug auf das Strangulieren des Halses eine enorme Leidensfähigkeit. Sobald sein Halter mit Kraft einwirkt, lernt der Hund, dass ein Mensch stärker ist als er. Aber er lernt nicht, dass wir intelligenter sind und darüber hinaus Führungsqualitäten besitzen, die es sich anzuerkennen lohnt. Der entscheidende Aspekt der aktiven Interaktion wird schlichtweg ausgelassen.

Sachliche Kritik

Noch mal: Die HarmoniLogie lehnt jegliche Form von Krafteinwirkung ab. Zeigt der Hund ein Fehlverhalten, wird ihm umgehend signalisiert, was er falsch gemacht hat, und er erhält die Chance, sein fehlerhaftes Verhalten selbstständig gegen ein anderes auszutauschen. Statt der handgreiflichen Einwirkung wird eine situationsbezogene, sachliche Kritik genutzt, um in der Interaktion zu einer zufriedenstellenden Lösung zu kommen.

Das Pferd zum Beispiel

Kraft halten. Man sollte unterscheiden zwischen Halten und Anwenden der Kraft: Die Kraft, die der Hund mir entgegensetzt, darf ich halten, aber auf keinen Fall übertreffen. Wenn er unerwünscht heftig an der Leine zieht, kann ich mit dem stärkeren Gegenzug am anderen Ende der Leine das Problem nicht lösen. Im Gegenteil: Bei jeder passenden Gelegenheit wird er wieder versuchen, mich im Tauziehen zu übertreffen. Alleiniges Ziel muss es sein, ihm die Situation zu verleiden und möglichst unangenehm zu machen, damit er sich aus eigenem Antrieb anders verhält – im Fall der Leine heißt das, auf gleicher Höhe mit mir zu bleiben und nicht zu zerren.
Kleine Schritte. Ich arbeite viel mit Pferden. Der Einsatz von Kraft ist hier denkbar schwierig. Soll ein Pferd zum Beispiel lernen, sich auf Kommando hinzulegen, kommt man mit Krafteinwirkung nicht zum Ziel, sondern nur mit methodischer Vorgehensweise und einer Schulung in vielen kleinen Schritten. Meine Tochter war bereits mit drei Jahren in der Lage, ein Pferd mit dem Stockmaß (Widerristhöhe) von 164 cm abzulegen. Das funktioniert nicht, weil meine Tochter die kleine Schwester von Pippi Langstrumpf ist,

sondern weil das Pferd gut ausgebildet ist und das Auftreten des Kindes respektiert. Meine Tochter hat gelernt, Signale sauber und korrekt zu geben und das Pferd bei kleinen Frechheiten schnell und effektiv zu kritisieren. Tierschule ist eben kinderleicht!

Mit Souveränität punkten

Meine kleine, zwölf Kilo leichte Border-Collie-Hündin Jane hat keine Probleme damit, einen 800 Kilo schweren Zuchtbullen auf den Anhänger zu verladen. Das gelingt der Hündin allein mit der Suggestivkraft ihrer Augen, dem selbstbewussten Anstarren des Bullen, gepaart mit unglaublich geschicktem Taktieren und perfektem Positionieren an den Stellen, wo sie den meisten Druck ausüben kann. Spätestens hier wird der Begriff der Präsenz greifbar. Der kleine Border Collie gewinnt durch souveränes, selbstsicheres und der Situation angepasstes Auftreten. Jane weiß zu jedem Zeitpunkt ganz genau, womit sie den gewaltigen Burschen überraschen kann, und kennt seine starken und seine schwachen Seiten. Sie wägt dabei Respekt und Vertrauen so geschickt ab, dass das geforderte Ziel am Ende stets erreicht wird. Also: Souveränität und Präsenz brauchen keine Unterstützung durch Krafteinsatz.

MIT GEWALT ERREICHT MAN GAR NICHTS

2

1 Spätestens bei Zirkuslektionen zeigt sich, dass mit Gewalt gar nichts geht. Ein leichtgewichtiger Pinscher lässt sich vielleicht noch über den Bürgersteig zerren, bei einem 500 kg schweren Pferd hat man schlechte Karten. Und bei schwierigen Übungen wie diesem »Kompliment« (→ Seite 149) hilft der Muskeleinsatz des Menschen überhaupt nicht.

2 Für die HarmoniLogie sind auch solche Lektionen keine Hexerei. Die Vorgehensweise ist bei Pferd und Hund identisch: Am sichersten gelangt man mit der »Politik der kleinen Schritte« (→ Seite 130) zum Ziel. Dazu kommen Geduld, exakte Kommandos, kleine Hilfestellungen und präzise Korrekturen. Auf Krafteinsatz verzichtet die HarmoniLogie völlig.

Hunde und die Möglichkeit, Störungen abzustellen und die richtigen Lösungen zu finden, sind elementare Grundbausteine jedweder Gesprächsführung mit Tieren. Das Pferd ist ein Fluchttier, der Hund ein Raubtier. Auf den ersten Blick also zwei grundsätzlich unterschiedlich funktionierende Tiere. Doch beide sind keine Einzelgänger, sondern in den Familienverband eingebunden, als Herde oder Rudel organisiert und verfügen über hoch entwickelte Sozialstrukturen.

Der Wille zur Verständigung. Sowohl Pferd als auch Hund agieren und reagieren auf einem hohen Kommunikationsniveau. Dieses Niveau, die Fähigkeit und Bereitschaft zur Verständigung, kann ich mir zunutze machen und versuchen, die Tiere auf intelligente Weise zu formen. Dabei bringe ich meine Ideen und Wünsche einem Pferd oder Hund so nahe, dass mein Schüler sie akzeptiert und verinnerlicht und sie zur eigenen Idee werden lässt, die seine Reaktionen und sein Verhalten bestimmt. Damit wird ein Harmoniestreben des Tieres hergestellt und gefördert. Es lernt, sich um den Menschen zu bemühen und ihm Angebote zu machen. Und das nicht, weil es einer massiven und kraftvollen Einwirkung ausweicht, sondern weil es gelernt hat, auf die Forderung seines Trainers mit einem Angebot zu reagieren.

INFO

KLARE ANGEBOTE UND AUFFORDERUNGEN

Das klare Angebot ist entscheidend. Macht der Hund seinem Halter ein Angebot, dann schaut er ihn freundlich konzentriert an und wartet auf weitere Informationen. Die wedelnde Rute trägt er dabei unterhalb der Waagerechten. Nur mit einem solchen Angebot sollten Sie sich zufriedengeben. Haben Sie das Ihrem Hund gut vermittelt, kann er sich immer an der deutlichen Aufforderung orientieren.

Durch Auftreten überzeugen

Präsenz hat jemand, den man ausreden lässt, selbst wenn er leise spricht. Präsenz wird durch Ausstrahlung und Auftreten signalisiert, und nicht selten birgt sie eine gewisse Faszination. Diese Faszination erreicht Tiere wie Menschen, kann sie fesseln und binden. Präsenz kann jeder erwerben und sich zu eigen machen.

Motivieren statt frustrieren. Die Arbeit mit dem Menschen soll für den Hund positiv und motivierend sein. Kritik darf diese positive Grundstimmung nicht überlagern. Die beste Kritik ist die, die nicht nötig ist. Für das Raubtier Hund ist das Beutefangverhalten ein Trieb, den man immer wieder bedienen kann. Die HarmoniLogie schult den Hund rein kommunikativ und ohne Verführung durch Tricks und Spielzeug. Zwischendurch sind kleine Spiele natürlich erlaubt und machen alles lebendiger und heiterer. Beutebetonte Spiele sind Apportier-, Zieh- und Zerrspiele. Auch unabhängig vom Spielen sind Pausen zwischen den Lektionen wichtig. Während der Pause ist der Dialog mit dem Hund gewissermaßen im Stand-by, er hat jetzt die Erlaubnis, sich seinen Bedürfnissen zu widmen. Statt einer langen Pause sind viele kurze sinnvoller. Je öfter pausiert wird, desto schneller stellt sich der Lernerfolg ein.

Hilfestellungen, die den Dialog erleichtern

Hilfestellungen vereinfachen und erleichtern die Kooperation mit dem Hund. Ähnlich wie beim Kinderspiel »Blindekuh« kann man dem Hund mit Signalen anzeigen, ob er sich auf dem erwünschten Lösungsweg befindet oder nicht, also zum Beispiel »warm« oder »heiß« für richtig und »kalt« für falsch. Für einen Hund existieren im Dialog mit dem Menschen zwei Bewegungsrichtungen: zum Menschen hin und vom Menschen weg. Die Bewegung in Richtung des Menschen muss er als positiv, das Weggehen als negativ registrieren. Sowohl die Bewegungsrichtungen wie auch die Signale sind einfach zu handhabende und leicht verständliche Hilfestellungen, mit denen sich Lösungswege und Lösungen schneller finden lassen.

Der Halter sollte jede Gelegenheit nutzen, um beim Hund das Streben nach Harmonie zu fördern.

Der Weg in die Bereitschaft

Zurück vom Blindekuh-Spiel zum Familienhund, der sich an der Leine für alles, nur nicht für seinen Besitzer interessiert. Zieht der Mensch ohne Warnung an der Leine, um die Aufmerksamkeit des Hundes auf sich zu lenken oder ihn zurückzuholen, dann verhält er sich nach den Regeln der HarmoniLogie gewalttätig, da sein Hund keine Chance hat, der Krafteinwirkung zu entgehen. Er muss sie einfach erdulden. Dabei findet offensichtlich auch kein Lernprozess statt.

Kritik und Konfliktlösung. Ein Hund, der von seinem Halter vorgewarnt wird, wenn er an der Leine zerrt, hat die freie Wahl, sein Verhalten zu ändern. Reagiert er nicht auf die Warnung, aktiviert man ihn durch Bedrängen, Anspringen, Aufstampfen oder durch Touchieren des Bodens mit der Gerte. Auch jetzt kann er sich noch richtig entscheiden und die unangenehme Einwirkung stoppen. In keiner Phase wird er dabei handgreiflich berührt, sondern lediglich dazu aufgefordert, sich mit der Kritik auseinanderzusetzen und zur Verbesserung und Konfliktlösung zu gelangen. Nach der HarmoniLogie ist das der Weg in die Bereitschaft.

Verlässliche Partnerschaft. Die meisten Menschen sind davon überzeugt, dass sie ihren Hund gewaltfrei erziehen, übersehen aber, dass jede Krafteinwirkung einen Gewaltakt darstellt – selbst das Zurückziehen des Hundes an der Leine. Eine solide Beziehung baut allein auf der Bereitschaft auf, unabhängig davon, ob sie Lob oder Kritik enthält.

Von der Hundesprache und der Menschensprache

Meine Hütehunde begleiten mich jahraus, jahrein bei den Herden, leisten unglaubliche Arbeit und führen alle Signale zuverlässig aus. Ihr Handeln ist meine Existenzgrundlage, denn nur so kann ich die Schafe betreuen und versorgen. Oft muss ein Hund bei einem Umtrieb über fünf Kilometer auf 500 oder mehr Signale reagieren. Straßenverkehr, Hitze, Regen oder Sturm – diese Burschen lassen mich nie im Stich. Mit jedem Hund habe ich eine eigene Sprache entwickelt. So können vier Hunde zeitgleich arbeiten, ohne dass es dabei zu Verwirrungen kommt. Ich habe meinen Partnern auf vier Pfoten viele Signale beibringen können. Nur eins macht Probleme, wenn man es einem Hund in verständliche Worte fassen will: Und das ist ein einfaches Dankeschön.

Der Hund ist der beste Kommunikator der Welt

Wir verständigen uns mit zwei Sprachformen: der Körpersprache und der Lautsprache. Bei einem Hund sieht das nicht anders aus, allerdings hat die Körpersprache für ihn eine besonders große Bedeutung.

Mensch und Hund sprechen eine gemeinsame Sprache

Alle Hundeartigen aus der Familie *Canidae* kommunizieren in erster Linie visuell. Die Jagd zum Beispiel ist ein außerordentlich fokusgesteuertes Verhalten. Die Kraft des Blickes und das Fixieren des Gegenübers dienen dazu, die notwendigen Informationen zu transportieren. Bei Interaktionen zwischen den Rudelmitgliedern wird weitgehend auf akustische Signale verzichtet, die optische Verständigung steht im Vordergrund. Der Informationsaustausch und die sozialen Kontakte finden leise und unaufdringlich statt, ganz im Gegensatz zu unseren lärmenden Stammtischen und Kaffeeklatsch-Treffen.

Leise und exakt bitte!

Dass der Hund überhaupt in der Lage ist, die vielen verschiedenen akustischen Signale zu lernen und auseinanderzuhalten, mit denen ihn der Mensch konfrontiert, grenzt fast an ein Wunder. Wir verlangen von ihm, dass er all diese Begriffe richtig sortiert, sind aber trotz unseres Intelligenzvorsprungs selbst nicht in der Lage, auch nur die einfachsten dieser Signale eindeutig zu differenzieren. Und genau da »liegt der Hund begraben«: Für den Menschen ist es anstrengend und manchmal verwirrend, alle diese akustischen Begriffe sicher zu koordinieren, die richtige Tonlage zu treffen und sie dann auch noch mit der begleitenden Körpersprache abzustimmen und zu verdeutlichen. Das ist sicher nicht einfach, aber wenn man diszipliniert mit der Sprache umgeht, kann man einen Hund auf diese Weise perfekt erziehen und anleiten. Es macht Arbeit, aber sie lohnt sich. Und es dauert nicht lange, und die gemeinsame Sprache wird fast reflexartig benutzt. Viele scheuen leider den Einsatz und steuern ihren Hund mit Kraft und Leckerlis, weil sie nach einem langen Arbeitstag lieber die Seele baumeln lassen wollen, anstatt an sich und mit ihrem Hund zu arbeiten.

> Trotz unserer überlegenen Intelligenz erwarten wir, dass der Hund sich in unserer Sprache zurechtfindet.

Mit Hunden zu sprechen, ist ein großes Vergnügen

Wenn es darum geht, die Sprache mit dem Hund zu erlernen, läuft das kaum anders ab als mit einer Fremdsprache wie etwa dem

Englischen. Mit etwas Schulenglisch ist man durchaus in der Lage, in einer Bäckerei auf der Insel ein Brot zu kaufen, fühlt sich aber angesichts seines Gestammels »I would like to buy a bread please« ziemlich unwohl und natürlich auch sofort als Ausländer ertappt. Verbringt man längere Zeit im Land und muss sich zwangsläufig ständig in der fremden Sprache verständigen, dann dauert es nicht lange, bis alles viel leichter läuft und einem selbst schwierige Redewendungen fast wie von selbst und ganz salopp über die Lippen kommen.

Ein großartiger Kommunikationsspezialist

Nun haben wir es beim Hund mit einem hoch qualifizierten Kommunikator zu tun, für den das sprachliche Unvermögen eines hilflos radebrechenden Menschen schnell Unglaubwürdigkeit signalisiert und ihm damit den Freibrief liefert, alles Gesagte zu ignorieren. Der Hund ist ausgeruht und hellwach, der Mensch ist müde und möchte entspannen – das Ungleichgewicht ist vorprogrammiert.

Sensoren für die Körperlichkeit. Jeder Hund besitzt die Fähigkeit, die körperliche und see-

HANDZEICHEN – MEHR ALS NUR SPRACHE AUF DISTANZ

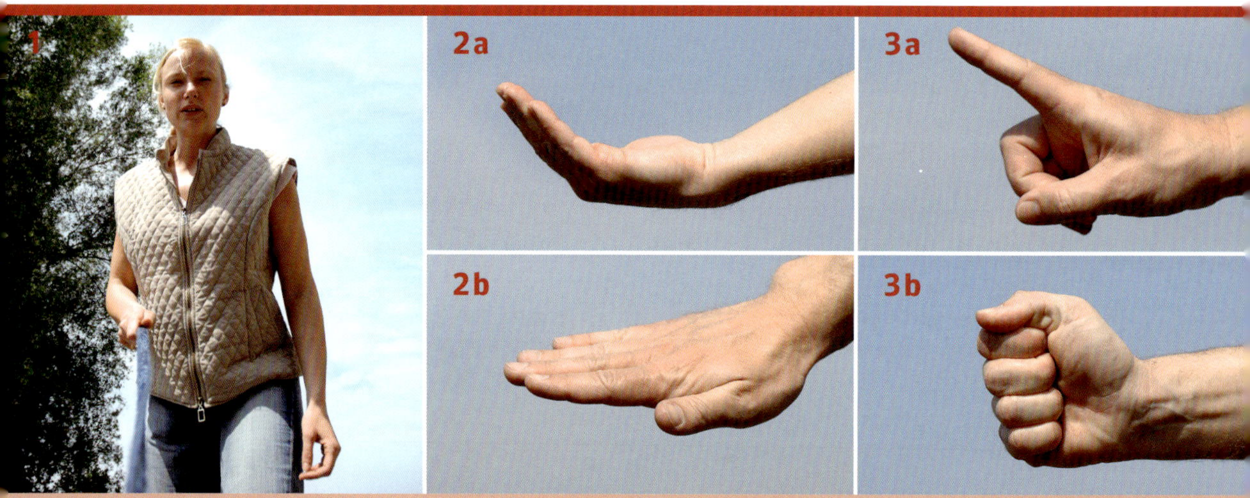

1 Bei der Verständigung untereinander achten Hunde vor allem auf Körpersignale. Auch der Mensch kann mit dem Hund in einer klaren Zeichen- und Körpersprache kommunizieren.

2a Die Handfläche weist nach oben, die Finger machen eine Winkbewegung zum Körper hin. Das eindeutige Handzeichen für »Komm«. Zu Beginn sollten Lautsignal und Handzeichen immer gemeinsam gegeben werden.

2b Die Handfläche zeigt nach unten, und die Hand bewegt sich dabei ebenfalls nach unten. Aufforderung an den Hund für »Mach Platz«.

3a Der erhobene Zeigefinger fordert zum »Sitz« auf. Erhöhen Sie den Schwierigkeitsgrad und wechseln zwischen »Sitz« und »Mach Platz«.

3b Die Faust bedeutet »Stopp« oder »Steh«. Der Hund sollte unmittelbar stehen bleiben.

lische Verfassung des Menschen fein, schnell und auf eine wundersame Weise zu erfassen und diese Informationen für sich zu nutzen. Wenn man realisiert, dass Hunde in der Lage sind, den drohenden Anfall eines an Epilepsie erkrankten Menschen früher anzuzeigen, als es selbst die Hightech-Medizin vermag, dann wird deutlich, wie fein die Sensoren des Hundes auf unsere Körperlichkeit geeicht sein können und dass er auch die Aura erkennen kann, die jedes Lebewesen umgibt. Unsere Körperhaltung und Körperspannung, unsere Bewegungen und Gesten und das individuelle Geruchsfeld sind Teil unserer Sprache. Fast immer werden dabei ungewollt und unbewusst Informationen transportiert, die wir nicht zurückhalten können. Bei der Arbeit mit dem Hund konzentrieren wir uns auf solche Informationen, die wir steuern können, um damit das Gespräch zu beeinflussen.

Die Körpersprache

Einladen und Bedrängen. Die HarmoniLogie teilt die Körpersprache in zwei Bewegungen ein, die Vorwärts- und Rückwärtsbewegung. Wir machen uns hier noch keine Gedanken über Körperachse, Körperhaltung und all die anderen Informationen, die der Körper aussendet. Im Zentrum der beiden Bewegungsrichtungen steht der Hund. Der einen kommt eine ziehende, der anderen eine schiebende Wirkung zu. Wenn ich gegenüber dem Hund Kritik äußere, präsentiere ich mich ihm stets frontal mit voller Achse und kündige damit auch an, dass ich auf ihn zugehen könnte. Dabei sind nicht Tempo oder Intensität der Bewegung entscheidend, sondern allein die Tatsache, dass sich der Hund bedrängt fühlt. Nun kommen die Achse und das Lot ins Spiel. Sobald der Pilot die Situation auflöst, stellt er einen Zustand der Entspannung her, indem er seinen Körper ins Lot, also in die Senkrechte, bringt und gleichzeitig eine kleine Rückwärtsbewegung macht. Damit wird jede Form von Druck aufgehoben. Der Schritt zurück signalisiert dem Schüler Harmonie und die Einladung des Trainers, zu ihm zu kommen. Bei der Rückwärtsbewegung reichen das Aufrichten des Körpers und ein leichtes Zurücknehmen und Heranziehen eines Fußes völlig aus.

SCHRITT FÜR SCHRITT

TIPP

Arbeiten Sie bei jeder Ausbildungslektion mit Ihrem Hund immer in kleinen Schritten, und versuchen Sie nicht, alle Ziele und Lösungen auf einmal zu erreichen. Gehen Sie einen oder mehrere Schritte zurück, oder beginnen Sie die Übung von vorne, wenn der Hund einen Fehler macht oder eine falsche Lösung anbietet. Mit der Folgelektion sollte erst dann begonnen werden, wenn das vorherige Thema sicher sitzt.

Eine wohlige Zone der Sicherheit. Beugt sich der Mensch nach vorne, dann keilt er den Hund ein. Das ist besonders schlimm, wenn es sich um einen Welpen handelt, also einen richtig kleinen Hund. Um den Welpen einzuladen, mache ich mich möglichst klein und biete ihm mit diesem Angebot die Möglichkeit, schnell in eine wohlige Zone der Sicherheit und Geborgenheit zu kommen. Aus der Froschperspektive eines solchen

Hunde sorgen auch selbst für Harmonie: Das Schütteln befreit nicht nur das Fell nach einem Bad vom Wasser, sondern sorgt für Entspannung und erzeugt dabei ein wohliges Gefühl.

Winzlings muss der aufrecht stehende Mensch wie ein riesenhaftes Monster wirken, das bis in den Himmel reicht. Ein Hundebaby, das vor dieser Furcht einflößenden Gestalt sitzt und ein Angebot machen soll, muss schon mit sehr großem Vertrauen und noch mehr Mut ausgestattet sein, um nicht zu verzagen. Ob junger oder älterer, selbstbewusster oder eher unsicherer Hund: Bis ein Vierbeiner sich überwindet, ohne zu zögern heranzukommen und sich konzentriert vor den Menschen zu setzen, muss man schon ein bisschen Arbeit, vor allem aber Geduld und Zeit investieren. Dabei ist der möglichst unbefangene und natürliche Einsatz der eigenen Körpersprache die vielversprechende Basis für eine effektive und stabile Ausbildung.

Die Elemente der Körpersprache

Die Diskrepanz zwischen der Wirklichkeit des Menschen und der Wirklichkeit des Hundes lässt sich manchmal scheinbar kaum überwinden, zumindest so lange nicht, bis wir dem Hund beim Gespräch im Jetzt begegnen. Der Hund lernt, unsere seltsame Lautsprache in Handlungen umzusetzen, während wir uns bemühen, mit ihm in der Gegenwart zu arbeiten und eine klare Sprache zu sprechen. Eine gute Ausbildung stellt sicher, dass sich der Hund nur auf wenige Elemente der Körpersprache konzentrieren muss: auf den Blick und die Blickrichtung (den Fokus), die Haltung der Schultern und die Handzeichen. Dazu kommen Vor- und Rückwärtsbewegung; Körperachse und Lot, volles Präsentieren der Achse und Sich-klein-Machen als Einladung zum Herkommen. Beim gut gearbeiteten Hund reichen kleinste Haltungsänderungen und kaum sichtbare Gesten, um ihm alle nötigen Informationen zu übermitteln.

Hunde leben in einer aufregenden Welt der Gerüche

Der Hundenase entgeht nichts. Der Hund lebt in einer Geruchswelt. Seine Nase ist das dominierende Sinnesorgan. Über die Gerüche seiner Umgebung, über den Körpergeruch seiner Artgenossen, aber auch über die »Duftnote« des Menschen erhält das Nasentier Hund eine Vielzahl von Informationen. Der unverwechselbare Geruch eines Menschen

> Vor der Nase des Hundes kann der Mensch seine Stimmungen und Gefühle nicht verstecken.

sagt ihm, in welcher Stimmung der Betreffende ist, ob er sich ärgert, wütend, entspannt, gut gelaunt, hilflos oder traurig ist, aber auch, ob er gesundheitlich auf dem Posten ist oder vielleicht eine Krankheit mit sich herumträgt (→ Seite 99). Die Geruchsproben liefern dem Hund unverfälschte Informationen. Unser wenig leistungsfähiges Geruchsorgan nimmt die meisten dieser Botschaften überhaupt nicht wahr. Gleichzeitig können wir aber unsere eigene Gemütsverfassung nicht vor der seismografischen Nase des Hundes verbergen. Selbst das aufdringlichste Deo ist da keine Hilfe.

Fehldeutungen. Die Supernase kann aber auch Missverständnisse produzieren: Der Hund weiß nicht, dass er Mist gebaut hat, aber er riecht den Ärger seines Menschen und kommt devot herbei. Und wir sind überzeugt davon, dass ihn sein »schlechtes Gewissen« treibt. Vielleicht hat er gar kein Gewissen und eben nur eine gute Nase, die ihm sagt, dass es angeraten ist, gut Wetter zu machen – gleichgültig, worum es eigentlich geht.

VOKABELN, DIE IHR HUND LERNEN SOLLTE

Der Hund hat sich vorbildlich verhalten oder eine Aufgabe erfüllt und wird gelobt. Wichtig sind dabei hohe Stimmlage und ein freundlicher Tonfall.	Bravo, Gut gemacht, Prima
Er wird aus einiger Entfernung herbeigerufen und soll auf geradem Weg zu seinem Halter kommen, sich frontal vor ihn hinsetzen und den Blickkontakt herstellen.	Zu mir, Hierher
Aufforderung, zusammen mit dem Menschen in eine bestimmte Richtung zu gehen	Weiter
Signal zum Hinlegen und Liegenbleiben. Dieser Aufforderung muss der Hund so lange folgen, bis es weitergeht und das Signal durch ein anderes aufgehoben wird.	Leg dich bitte, Mach Platz bitte, Ablegen, Hinlegen
Der Hund soll bei Fuß gehen. Dabei ist seine Schulter auf Kniehöhe des Menschen. Später lernt er so auch, neben dem Menschen rückwärts oder seitwärts zu gehen.	Bei Fuß, Fuß, Hand
Jeder Hund sollte sowohl rechts wie links neben dem Menschen laufen können. Mit diesen Vokabeln wird er entsprechend aufgefordert.	Rechts bei Fuß, Links bei Fuß
Stehen mit stiller Körperhaltung	Steh, Stopp
Sitzen mit stiller Körperhaltung	Hinsetzen
Er soll an einem bestimmten Punkt bleiben (zum Beispiel im Auto). Das Signal spielt im Alltag eine große Rolle und erleichtert den Umgang mit dem Hund wesentlich. Die Körperhaltung hat dabei keine Bedeutung.	Bleib
Der Hund soll sich auf Anweisung lösen.	Lösen, Geh pinkeln
Auflösungssignal für eine bestehende Anweisung oder auch Pausenzeichen	Pause, Lauf

Die Lautsprache

Akustische Dauerberieselung. Die Lautsprache hat für uns zentrale Bedeutung. Die Sprache ist unser wichtigstes Kommunikationsvehikel. Dazu kommen unterschiedliche Lautäußerungen wie Pfeifen, Räuspern, Grunzen, Zischen oder Keckern, aber auch Tonsignale, wie sie etwa durch Aufstampfen mit dem Fuß, In-die-Hände-Klatschen und Trommeln oder Schlagen auf einer Oberfläche erzeugt werden. Wir setzen uns tagtäglich einem babylonischen Wirrwarr von Lautsignalen aus und werden von unzähligen Lautinformationen überflutet. Umso verwunderlicher ist es, dass sich die Hunde von der akustischen Dauerberieselung nur wenig irritieren lassen und an unserer Körpersprache ablesen, was wir eigentlich wollen.

Die falschen Vokabeln. Hier einige Beispiele, wie man an seinem Hund vorbeiredet: Das Wort »Nein« ist lautmalerisch kaum von »Fein« zu unterscheiden. Kritik am Hund wird meist von »Nein« begleitet, beim Lob sagen wir »Fein«. Für einen Hund, der die Tonlage nicht eindeutig zuordnen kann und sich auf den Höreindruck verlassen muss, klingt es in beiden Fällen wie »Ein«. Hat er nicht gelernt, die Absicht des Menschen herauszufiltern, darf er raten, ob er etwas falsch oder aber ganz toll gemacht hat. Sage ich meinem Hund »Leg dich« oder »Reg dich«, ist das Missverständnis vorprogrammiert. »Komm« schließlich ist eine echte Katastrophe! Am besten streicht man es ganz aus unserem Hundevokabular. Fast jede Wortkombination mit »Komm« sorgt für heillose Verwirrung: »Komm her«, »Komm mit«, »Komm mach Platz«, »Komm hopp«, »Komm hör auf«, »Komm schön sitz« und viele andere. Wer sich dabei einmal selbst zuhört, erkennt das Problem sehr schnell.

Verbindliche Sprachregeln

Wenn ein Hund nicht folgt oder ständig ermahnt werden muss, sucht man die Schuld immer erst bei ihm, weil er offensichtlich nicht gehorcht. Könnte er uns Rede und Antwort stehen, würde er wahrscheinlich sagen: »Meine Menschen reden unverständlichen Quatsch.« Was bleibt dem armen Kerl also anderes: Er muss nicht nur unsere Sprache lernen, sondern auch unsere Gedanken lesen! In allen Lebensbereichen verlassen wir uns auf Konzepte und Planungen. Nur in der Hundeerziehung gibt es statt klarer Konzepte eher Wildwuchs ohne Linie und Ziele. Gerade aber im Dialog mit dem Hund kommt man weder bei Körper- noch Lautsprache um ein verbindliches Konzept herum.

Schon früh sollte man mit dem jungen Hund ein verbindliches Vokabular trainieren.

Tatsache ist jedoch, dass der Mensch seine Macht nicht über die Gewalt der Stimme und den Druck erreicht, den er auf einen Hund ausübt, sondern dass er sich seine Präsenz allein durch glaubwürdiges und freundliches Auftreten erarbeiten kann. Wenn Sie mit sehr leiser Stimme sprechen, muss Ihr Hund ganz genau hinhören, um nichts zu verpassen. So fesseln Sie automatisch seine Aufmerksamkeit und können ihm Aufgaben und Lektionen ohne jeglichen Druck vermitteln. Dieses Feingefühl und Engagement sollte uns der beste Freund des Menschen wert sein.

INFO

WIE VIELE KOMMANDOS KENNT EIN HUND?

Das Repertoire des Hundes geht weit über die Grundkommandos »Sitz«, »Mach Platz« und »Hier« hinaus. Ein normal intelligenter Hund kann 20 bis 30 Kommandos lernen; talentierte Vierbeiner beherrschen nicht selten sogar über 100 verschiedene Vokabeln. Viele Hunde erkennen mühelos auch Begriffe, die wir in einem ganzen Satz verstecken. Also Vorsicht, wenn Sie sich mit anderen unterhalten.

Von der Gesprächsbereitschaft zur richtigen Lösung

Am Anfang jedes Dialogs zwischen Mensch und Hund steht die Frage, ob der Hund überhaupt zum Gespräch bereit ist.

Beispiel 1: Reaktion erst bei Rot. Der Mensch fordert seinen Hund zu einer Lektion wie dem Herkommen oder Hinlegen auf, doch der Hund reagiert nicht. Zuerst stellt sich die Frage, ob er möglicherweise nicht kann oder ob er nicht will. Mit Gesundheitscheck und der Kontrolle des Hörvermögens schließt man medizinische Gründe aus. Der gesunde und erreichbare Hund sollte reagieren, ansonsten ist er nicht gesprächsbereit. Nach dem Ampelprinzip (→ Seite 67) warnt der Mensch den Hund nun in der Gelbphase und knurrt ihn an. Das Knurren kann sehr leise geschehen, dann fällt man nicht unangenehm auf, wenn sich andere Menschen in der Nähe befinden. Zeigt auch dieses Störsignal keine Wirkung, schaltet der Trainer augenblicklich von der Gelb- in die Rotphase. Er überrascht den Hund so schnell und intensiv, dass der die unangenehme Situation sofort mit aktivem Beschwichtigungsverhalten zu bereinigen versucht. Umgehend bewegt sich der Mensch rückwärts und lädt den Hund zu sich ein. Es folgt ein großes Lob – und die Harmonie ist wieder hergestellt.

Beispiel 2: Warnen und Angebot. Der Mensch spricht den Hund an, der aber nicht gesprächsbereit ist und keine Reaktion zeigt. Daraufhin wird er mit dem Störsignal verwarnt. Jetzt macht der Hund umgehend ein Angebot. Der Mensch tritt zurück, lädt seinen Hund ein, und die Lektion wird neu gestartet.

Beispiel 3: mit Hilfen zur Lösung. Der Mensch spricht den Hund an. Der reagiert und macht ein Angebot, findet aber nicht sofort die gewünschte Lösung. In dieser Situation sollten dem Hund immer Hilfen angeboten werden, damit er schnell zur Lösung findet. Es folgt ein dickes Lob.

Beispiel 4: perfektes Angebot und richtige Lösung. Der Mensch spricht den Hund an. Der macht ein Angebot, findet ohne Umweg zur gewünschten Lösung und wird natürlich tüchtig gefeiert.

Jede Lektion wird nur bei guter Gesprächsbereitschaft gearbeitet. Brechen Sie die Übung ab, wenn der Hund nicht auf Sie reagiert, unabhängig davon, was er im Moment gerade macht. Ist er dann wieder gesprächsbereit, starten Sie die Lektion erneut.

Zu jedem Zeitpunkt und auf jeder Stufe des Gesprächs kann der Hund den weiteren Verlauf beeinflussen und ihn von sich aus verkürzen oder verlängern. Reagiert er zu Beginn der gemeinsamen Arbeit aus Unvermögen nicht, darf sein Pilot vom gewohnten Ampelkurs abweichen und die Lösung mit positiver Hilfestellung herbeiführen.

Der positive Einstieg ist für jedes Gespräch und jede Lektion wichtig. Auch wenn man ein Fehlverhalten vermutet, erhält der Hund zunächst die Gelegenheit, auf die Ansprache zu reagieren. Nutzt er sie nicht, wird die Gesprächsbereitschaft wie üblich über die Ampel hergestellt, zuerst mit Gelb, gegebenenfalls auch mit Rot. Zurück im grünen Bereich, gibt es dann wieder viel Lob.

Die drei K der HarmoniLogie

In der HarmoniLogie gibt es drei wichtige K: Das K steht für Kontinuität, Konzentration und Konsequenz. Alle drei K sind die Stützpfeiler der Glaubwürdigkeit, die für eine harmonische und erfolgreiche Kommunikation von Mensch und Tier unverzichtbar ist. Das gesprochene Signal sollte vom Hund weder als Vorschlag (»Leg dich, wenn du magst«) noch als Empfehlung (»Komm zu mir, das ist doch besser für dich«) verstanden werden können. Mit solch schwammigen Aussagen tut sich schon der Mensch schwer, ein Hund kann damit gar nichts anfangen. Obwohl immer wieder behauptet wird, allein Signal und Tonfall und nicht die Inhalte seien entscheidend, sollte man auch im Dialog mit dem Hund nicht einfach gedankenlos daherplappern. Ich beherzige die Maxime: Wissen, was man will, und sagen, was man meint. Sie garantiert nicht zuletzt auch dafür, dass ich in den Augen meiner tierischen Partner glaubwürdig erscheine.

Mit allen Sinnen genießen: Der vierbeinige Freund lernt nach dem Ampelprinzip, dass die grüne Welle der Harmonie weitaus angenehmer ist als eine ständige Gelbphase oder gar ein grelles Rot.

Kommunizieren statt konditionieren

Die Lösung einer Lektion so zu wählen, dass sie für den Hund gut erreichbar ist, gehört zu den zentralen Aufgaben des Trainers. Ebenso die Unterstützung und Begleitung des Schülers mit den verschiedenen Mitteln der Kommunikation, um ihn auf den richtigen Lösungsweg zu bringen. Während der Ausbildung soll der Hund lernen, auf konkrete Hilfestellungen mit bestimmten Reaktionen und Handlungen zu antworten. Jetzt sind Sie als Halter in die Pflicht genommen, diese »Tastatur« der Hilfen gezielt einzusetzen. Ähnlich wie bei einem Klavier können Sie sich dabei auf wenige Tasten beschränken oder versuchen, virtuos wie ein Konzertpianist alle Oktaven ins Spiel zu bringen. Der Lohn der Mühen ist ein hoch motivierter und gut lenkbarer Schüler.

Die wichtigsten Hilfestellungen für die Arbeit mit dem Hund

Die Achtsamkeit des Hundes gegenüber dem Menschen ist der wichtigste Grundstein für einen erfolgreichen Dialog. Der Gesprächspartner Mensch bringt seine Zuwendung und Freundlichkeit ein. Checken Sie doch einmal, ob Ihr Hund auf die bloße Nennung seines Namens reagiert, wenn er gerade anderweitig abgelenkt ist. Gibt es hier ein Defizit, dann sollte auf Ihrer »To do«-Liste das Thema Achtsamkeit ganz oben stehen.

Anleiten ohne Bestechung

Eine typische Konstallation in der Alltagspraxis ist der Hund, der dem Menschen zwar ein Angebot unterbreitet, aber leider nicht zur richtigen Lösung findet. Jedes Angebot signalisiert die Kooperations- und Gesprächsbereitschaft des Hundes und darf daher nie durch eine Verwarnung in der Gelbphase gestört werden – selbst wenn das Angebot falsch ist! Ansonsten besteht die Gefahr, dass der Vierbeiner überhaupt keine Angebote mehr abliefert. Um seinem Schüler den Zugang zur richtigen Lösung zu erleichtern, muss der Trainer geeignete Hilfestellungen einsetzen.

Ziehende und schiebende Hilfen

Der Name meines Hundes. Als »ziehende Hilfe « bezeichnet man den Namen des Hundes. Er kann in der Schulung gezielt und wirkungsvoll benutzt werden, allerdings muss man darauf achten, dass der Name nicht automatisch vor jedes Signal gesetzt wird. Leitet man die Lektion mit dem Namensruf ein, kann die ziehende Hilfe dazu führen, dass sie den Hund in die falsche Richtung lockt. Beispiel: Der Hund soll auf Distanz abliegen. Spricht man ihn jetzt beim Namen an, wird er das in den meisten Fällen als Aufforderung zum Herkommen betrachten – und sich damit von der Lösung der Lektion entfernen. Ruft man jedoch den Hund zu sich, dann ist

Der Name Ihres Hundes ist eine »ziehende Hilfe«. Bei Korrekturen sollte er nicht verwendet werden.

der Name die beste Hilfe. Sinnvoll ist der Name auch bei Sitz-Übungen: Der Hund soll vom Liegen zum Sitzen wechseln. Der Name und das unmittelbar folgende Signal »Sitz« stellen sicher, dass er die Lösung leicht findet. Umgekehrt ist der Name fehl am Platz, wenn das Hinlegen aus der sitzenden Position gefordert wird. Das Liegen entfernt den Hund räumlich von seinem Menschen.

Motivationshilfe. Ein leises »Hey« oder »Na« signalisiert dem Schüler, dass er auf einem verkehrten Weg ist oder die falsche Lösung anbietet. Das stellt eine »schiebende Hilfestellung« dar, weil sie den Hund dazu bringen soll, die Lösung eher in der leicht gefühlten Distanz zum Piloten zu suchen. Damit hat man ein wirksames Werkzeug, um einen dezenten Störlaut zu etablieren, der nicht sofort die massive Wirkung einer Gelbphase hat und den Hund dennoch – oder gerade deshalb – motiviert und aktiviert. Mit diesen kleinen Hilfen kann ein guter Pilot seinen Schüler punktgenau in jeder Lektion steuern. Die HarmoniLogie schult den Hund gewissermaßen in einem Stand-by-Modus. Das heißt, er ist jederzeit bereit, ein Signal seines Trainers zu empfangen und umzusetzen – unabhängig davon, ob er in diesem Moment arbeitet, auf einen Außenreiz reagiert oder einfach nur vor sich hindöst.

TIPP

REAGIEREN SIE SCHNELLER ALS IHR HUND!

Die Kommunikation mit Ihrem Hund wird umso einfacher, je schneller Sie Ideen und Flausen, die ihm gerade durch den Kopf gehen, erkennen und darauf reagieren. Achten Sie in der Ausbildung auf jeden Störreiz, der ihn ablenken könnte. Warnen Sie ihn schon mit einem »Hey«, wenn er während des Spaziergangs beim Anblick eines Kaninchens die Ohren aufstellt – und nicht erst, wenn er losrennt.

Was Kommunizieren und Konditionieren unterscheidet

Die einfache Konditionierung. Wenn ich zu meinen Schafen fahre, erkennen mich die Tiere schon am Motorgeräusch des Geländewagens. Die Weide ist abgegrast, und die Herde steht erwartungsvoll am Zaun. Offensichtlich wissen die Schafe, dass es Zeit ist für eine neue, saftige Grünfläche. Die Hunde springen aus dem Auto und gehen in Position, damit alles geordnet abläuft. Der Zaun wird geöffnet, und ich locke die Schafe mit einem Signalton, den ich schon seit 20 Jahren bei dieser Herde benutze. Die Hunde stehen unter Hochspannung. Endlich kommt das Startsignal, und sie laufen nach rechts und links, ducken sich ins Gras oder gehen direkt auf die Herde zu. Mein Lockton sagt den Schafen, dass es gleich frisches Grün gibt, und so läuft die Herde bereitwillig hinter mir her. Diese Arbeitsschritte stellen eine einfache Konditionierung dar, wobei als Basis allein schon das Motorgeräusch ausreicht.

Eine reibungslose Kommunikation. Im Umgang mit den Hunden hingegen geht es um eine effektive Kommunikation. Sie erhalten Anweisungen von mir und werden je nach Situation kritisiert oder gelobt. Aber auch zwischen Hunden und Schafen existiert ein intensiver Dialog: Die Hunde präsentieren sich der Herde als Raubtiere, und ihre Fokussierung auf die Herde übermittelt den Schafen Informationen über das, was erlaubt ist und was nicht – zum Beispiel, schön auf dem Weg zu bleiben und nicht auf Nachbarwiesen zu naschen. Zum Konditionieren braucht es nur ein Locksignal und die Aussicht auf Belohnung oder bessere Lebensbedingungen. Das funktioniert allein über positive Reize. Schafe sind nicht blöd: Arbeite ich als Schäferin ohne Hunde, lässt sich die Herde durchaus locken, läuft aber nach dem Öffnen des Zauns sofort zur nächsten Wiese, ohne sich um deren Besitzverhältnisse zu kümmern. Stehen die Schafe erst einmal mitten im schönsten Futter, kann ich locken und rufen, solange ich will, das interessiert nun überhaupt keinen mehr. Da jetzt der Reiz des frischen Grases größer ist als das Lockangebot, bricht die Konditionierung zusammen. Hier ist nun Kommunikationsarbeit gefragt. Im Gegensatz zur Konditionierung können dabei eben auch gezielt negative Informationen genutzt werden, die dem Adressaten anzeigen, was nicht erlaubt ist.

Anerkennung und Kritik

Bei sozial lebenden Tieren sind Anerkennung und Kritik tragende Elemente, die das Miteinander in der Gemeinschaft bestimmen. Beide folgen einer klaren Formensprache und festen Regeln, die von allen Mitgliedern der Gruppe eingehalten werden müssen. Über den Weg der Konditionierung kann man jedes Tier zu unterschiedlichsten Reaktionen und Verhaltensmustern veranlassen, allerdings stets nur so lange, wie der Lockreiz stärker ist als alle Außenreize. Der Tigerdompteur spielt mit einem faszinierend fein abgestimmten Instrumentarium verschiedener Konditionierungen und bringt seinen Raubkatzen alle möglichen Tricks bei. Das funktioniert ohne Komplikationen, solange die Zirkustiere im Käfig sind. Ist er nicht da, hat der Dompteur ein Problem. Die Herausforderung für die Schäferin ist größer: Sie setzt ihre Hunde als Raubtiere an der Herde

> Für die Schäferin sind ihre Hunde eine größere Herausforderung als die Tiger des Zirkusdompteurs.

ein, und sie müssen in jeder Situation ihren Job an der lebenden Beute erledigen – im Moor, im unübersichtlichen Gelände, am Stadtrand, auf der Landstraße. Bei der Arbeit mit dem Raubtier Hütehund gibt es keinen Käfig als Sicherheit, aber vielleicht macht gerade das die besondere Faszination meines Berufes aus. Es verdeutlicht aber auch, dass ich den Anforderungen ohne klares Kommunikationskonzept nicht gewachsen wäre.

Rudel- und Herdentiere folgen festen Regeln, die von jedem Gruppenmitglied eingehalten werden müssen. Auf diesem Prinzip baut die HarmoniLogie auf.

Der Weg zur Persönlichkeit

Kapitel 6 DIE ERSTEN LEBENSMONATE PRÄGEN DEN HUND. BEHUTSAME ANLEITUNG UND KONSEQUENTE ERZIEHUNG FORMEN SEINE PERSÖNLICHKEIT.

Stürmische und glückliche Zeiten

Erziehung mit Herz und Verstand. Am Anfang ist ein Hund einfach nur süß. Als Welpe wird ihm alles verziehen, schließlich ist er ja noch so klein. Doch schon in diesem frühen Alter beginnt die Erziehung, damit aus dem kleinen Racker später nicht ein ungehobelter und ungehorsamer Problemhund wird. In dieser »tapsigen Phase« verlangt der Umgang mit dem kleinen Vierbeiner viel Sensibilität. Er soll und muss seine Grenzen kennenlernen, darf aber gleichzeitig auch nicht überfordert werden. Um hier das bestmögliche Maß zu finden, sollte jeder Halter die verschiedenen Lebensphasen des Hundes und ihre spezifischen Charakteristika kennen. Dieses Wissen zahlt sich nicht nur beim Aufbau der Beziehung aus, sondern ganz besonders im täglichen Umgang mit dem Hund.

Entwicklungsphasen und Früherziehung des Hundes

Der Start ins gemeinsame Leben mit einem jungen Hund verläuft oft stürmisch und manchmal etwas holprig. Und doch stellt sich die Harmonie in der noch frischen Partnerschaft meist schneller ein als erwartet.

Die Lebensalter des Hundes

Entwicklung und Reifung eines Hundes verlaufen in mehreren Phasen. Besonders die ersten Lebensmonate bis zur Pubertät prägen den jungen Hund entscheidend.

Der junge Hund

Seit mehr als 20 Jahren züchte ich als Schäferin Hunde. Schon früh standen meine Tiere an der Spitze der Leistungshundezucht, nicht zuletzt, weil ich regelmäßig aus jedem Wurf Welpen behalten und mich intensiv um ihre Aufzucht gekümmert habe. Die Junghunde erhielten eine umfassende Erziehung und Ausbildung. Da ich sie in der Regel bis zum Alter von zwei Jahren betreute, konnte ich sehr viel Erfahrung in Aufzucht, Ausbildung und Management der Hunde sammeln und ihre Entwicklung und Persönlichkeitsreifung unmittelbar miterleben.

Fahrplan der Entwicklung. Natürlich können sich auch bei einem jungen Hund schon früh individuelle Eigenarten und Fähigkeiten ausprägen, und tatsächlich war nie einer meiner Hund wie der andere. Aber trotzdem lässt sich in ihrer Entwicklung ein bestimmter »Fahrplan« nicht übersehen. Je nach Rassezugehörigkeit und besonders bei der Arbeit und Ausbildung von Dienst- und Gebrauchshunden werden die individuellen Wesens- und Verhaltensmuster deutlicher, zeitliche Abfolge und Ablauf der einzelnen Entwicklungsphasen unterscheiden sich jedoch nicht.

Eine prägende Zeit. Es ist ein wunderbares Erlebnis und eine beglückende Zeit, wenn man solch kleine Hundewesen beim Heranwachsen begleiten darf. Sicher gibt es auch Tage, an denen man genervt und mit der Geduld am Ende ist, aber die zauberhaften Momente überwiegen und entschädigen für alles. In den ersten 24 Lebensmonaten durchläuft der Hund sehr unterschiedliche Entwicklungsphasen, die ihn für sein weiteres Leben prägen. In dieser Zeit muss die Basis für die Partnerschaft mit dem Menschen gelegt werden. Jeder Halter übernimmt mit der Erziehung eines Junghundes ein großes Maß an Verantwortung, erfährt aber gleichzeitig Nähe und Verbundenheit. Ich habe diese intensiven, aufregenden und fordernden Wochen und Monate mit meinen Partnern auf vier Pfoten immer sehr genossen.

Das Glück der erfüllten Partnerschaft mit dem Hund kann man nicht kaufen. Es ist ein großes Geschenk.

Die schwierigste Zeit im Leben eines Hundes

Wenn man einen Welpen zu sich nimmt, beginnt für beide Seiten, für den Menschen und den jungen Hund, eine anstrengende und schwierige Zeit. Sieben bis acht Monate bleiben dem kleinen Kerl, um heranzuwachsen; wir können uns dafür gut und gerne 18 Jahre Zeit lassen. In diesen wenigen Monaten muss der Welpe wie ein kleines Kraftwerk funktionieren, Knochen, Muskeln, Fell, Motorik und Sinnesleistungen entwickeln und optimieren.

INFO

KEIN FREIBRIEF FÜR DEN WELPEN

Das Welpenalter ist für Hunde eine schwierige Zeit mit tief greifenden physischen und psychischen Veränderungen. Die Sozialisation des jungen Hundes spielt eine zentrale Rolle. Die Nähe und das Vorbild der erwachsenen Hunde sind dabei besonders wichtig. Einen generellen Welpenschutz genießt der Nachwuchs nicht: »Narrenfreiheit« gibt es nur im eigenen Rudel, nicht bei anderen Artgenossen.

Mit sieben bis neun Monaten setzt die Geschlechtsreife ein, und die Hormone bringen noch einmal alles ziemlich durcheinander. Das ist insgesamt kaum mehr Zeit als bei einem Mastschwein, das auf ein möglichst schnelles Wachstum programmiert wurde. Nur steht der kleine Hund dabei unter viel höherem psychischen Druck.

Hohe Erwartungen

Stressige Wochen. Dass der Welpe oft zu früh aus seiner Hundefamilie gerissen wird, habe ich schon erwähnt. Schlimm genug. Jetzt aber kommt noch das Interesse des Menschen an Neuem dazu: Ähnlich wie bei einem neuen Auto, das ständig gewaschen und poliert wird, gönnt man dem jungen Hund keine freie Minute. Er muss zur Welpenstunde, soll schon Sitz machen, sittsam an der Leine gehen und beim Gassigehen die Begegnungen mit zudringlichen Artgenossen aus der »Er will doch nur spielen!«-Fraktion klaglos überstehen. Nebenbei zahnt er, wechselt sein Fell, hat möglicherweise hormonelle Probleme und Wachstumsschmerzen.

Spätentwickler. Bei großen Rassen dauert es meist sehr lange, bis sie ihren Körper und die Bewegungen gut koordinieren können. Da passt die Hinter- nicht zur Mittelhand und auch nicht zur Vorhand, und der ganze Hund wackelt und überholt sich manchmal selbst. Keine Angst: Diese Hunde laufen und springen später genauso sicher und athletisch wie ihre kleinwüchsigeren Vetter, sie brauchen nur länger dafür.

Gebremst sportlich. Beim Welpen von acht bis zwölf Wochen ist etwas Babyspeck absolut okay, sobald aber sein Aktionsradius größer wird, muss der Speck runter, bis man die Rippen deutlich fühlen kann. Die wilde Hundeverwandtschaft macht es vor: Junge Wölfe hungern sich meist groß, erreichen trotzdem ihre Endgröße, haben ein prächtiges Fell und bringen auf der Jagd ein Leben lang Höchstleistungen. Wir hingegen füttern den Hundenachwuchs gerne fett und vergessen, dass die Winzlinge ihren kugelrunden Körper mit noch weichen Knochen und empfindlichen Gelenken durch die Gegend schleppen müssen und vielleicht noch hinter Stöckchen und Bällen herjagen sollen. Natürlich wollen und müssen junge Hunde laufen und toben, doch stundenlange Sprints und Stopps mit dem Körper eines dicken Fernsehkindes sind der Garant für Spätschäden an den Gelenken und für teure Tierarztrechnungen.

... und dann die Pubertät

Einmal brav, einmal stur. Mit der Erziehung Ihres Hund können Sie schon vor seinem 7. Lebensmonat beginnen, sollten sich aber auf Grundübungen beschränken. Ihr Hund hat in dieser Zeit genug andere Probleme. Und dann die Pubertät. Sie verläuft bei den Hunden so unterschiedlich wie bei uns: Manche Vierbeiner machen alles mit sich selbst ab, andere zelebrieren den Hormonschub bis ins Detail. Der wahre »Pubertätskünstler« offenbart sich als verwirrende Mischung aus weich und stur. Oft hat man den Eindruck, dass die halbwüchsigen Tunichtgute alles verdrängen und vergessen, was sie gelernt haben.

Mogelpackung. Süß sind die Kleinen nicht mehr, nur noch anstrengend. Für nicht wenige Halter Grund genug, über die Abschaffung des vermeintlichen Querkopfs nachzudenken. Am besten versucht man diese Zeit gelassen auszusitzen. Der Youngster hat fast die Größe eines erwachsenen Hundes erreicht, ist aber eigentlich eine Mogelpackung. Er sieht aus, als wäre alles drin und dran, sein Fell ist perfekt, und die Bewegungen wirken fast schon elegant. Der Schein trügt, im Wesen ist der Hund immer noch ein unselbstständiges Kind. Er ist jetzt neun oder zehn Monate alt. Die richtige Zeit, um in die echte Ausbildung einzusteigen. Damit beginnt eine rundum wunderbare Zeit, in der sich Mensch und Hund ganz nahe kommen. Der Hund ist jederzeit präsent, aufmerksam, ausgesprochen wissbegierig und für seinen Trainer leicht erreichbar. Jetzt sollten die Lektionen der Grunderziehung abgeschlossen werden, um den Vierbeiner danach an die ersten Übungen der Spezialausbildung heranzuführen.

Welpen lernen spielerisch; das gilt auch für die Spielregeln des sozialen Zusammenlebens. Dank ihrer Neugierde und der angeborenen Lernbegabung ist dieser Prozess wie selbstverständlich für die Kleinen.

übernahm. Trotz ihres fortgeschrittenen Alters wurde Wilma zum Familien- und Begleithund ausgebildet und genoss noch viele Jahre lang ein wunderbares Leben.

Die ersten vier Jahre. Ein Hund braucht unter jeder Pfote ein Jahr. Das ist eine alte Regel, und sie bestätigt sich immer wieder. Diese vier Jahre sollten Sie sich gönnen, nachdem der Welpe bei Ihnen eingezogen ist. Viele Hunde sind erst jetzt wirklich gereift und werden ruhiger und ausgeglichener.

TIPP

DAS POTENZIAL DES HUNDES FÖRDERN

In wenigen Monaten zum perfekten Hund? Vor allem neue Hundehalter sind oft ungeduldig und erwarten viel zu viel von ihrem Hund. Erziehung und Ausbildung verlaufen weit erfolgreicher, wenn Sie die individuelle Entwicklung des Hundes berücksichtigen und seine ganz besonderen Fähigkeiten und Anlagen gezielt fördern. Verlieren Sie dabei nie die Geduld, falls es einmal nicht auf Anhieb klappen sollte.

Die schönsten Jahre. Ab dem 4. Lebensjahr beginnt eine meist sehr unkomplizierte und ruhige Zeit. Mensch und Hund verbringen intensive und glückliche Jahre miteinander. Man versteht sich fast blind, vieles läuft automatisch und erscheint wie selbstverständlich – ein wunderbares Leben mit dem angeschlossenen und gut erzogenen Hund. Und man merkt dabei oft gar nicht, wie die Jahre ins Land gehen.

Der Herbst des Hundelebens. Je nach Rasse und körperlicher Belastung des Hundes rückt dann das Alter ab dem 9. oder 10. Lebensjahr spürbar näher. Die Lebenserwartung eines Hundes hängt von vielen Faktoren ab, in erster Linie aber von seiner Rassezugehörigkeit und den Haltungsbedingungen. Nicht anders als bei uns kündigt sich das Alter mit kleinen Wehwehchen und Malaisen an, die Knochen werden schwerer, die Ruhe- und Schlafphasen zunehmend länger. Bald wird das Fell grau, die Augen verlieren etwas von ihrem klaren Glanz, und der Hund hört deutlich schlechter. Nicht selten fällt ihm auch die Orientierung schwer. Jetzt verlangt der Senior mehr Aufmerksamkeit und Pflege und besonders viel Zuwendung und Liebe.

Der Ruhestand der Rentner

Viele meiner alten Hunde kann ich nur noch mit einem Glöckchen oder einer Lampe am Halsband ins Freie lassen, oder ich muss sie gleich an die Leine nehmen. Die Sorge, dass sie verloren gehen könnten, ist sonst einfach zu groß. Ich werde häufig gefragt, ob die alten Hunde bei uns das Gnadenbrot bekommen. Meine Antwort darauf ist eindeutig und unmissverständlich: Nein, ganz bestimmt nicht! Was wir den Hunden auf unserem Hof ermöglichen, ist ein umsorgter und wohliger Ruhestand. Ich betrachte es gelinde gesagt als Unverschämtheit, wenn wir einen Hund ein Leben lang in Gefangenschaft halten, um ihn dann am Ende seiner Tage zu begnadigen. Der Ruhestand für unsere Hunde ist so organisiert, dass den Rentnern das Kaminzimmer mit Fußbodenheizung und Kaminfeuer und zusätzlich ein Hundehaus mit Zugang zum Garten zur Verfügung stehen, dass für Rundumbetreuung gesorgt ist und die Ernährung den Bedürfnissen der alten Tiere angepasst wird. Ein Hund, der sein Leben lang Tag für Tag unermüdlich für mich arbeitet, hat nach all den Jahren mehr geleistet als mancher Mensch und damit auch mehr Anerkennung und Betreuung verdient. Es gibt nur eine Möglichkeit, sich für die treuen Dienste der vierbeinigen Kollegen zu bedanken: indem man ihnen ein Höchstmaß an Lebensqualität bietet. Das gilt für den sozialen Diensthund genauso wie für den Begleit- und Familienhund. Ihn im Alter zu umsorgen und ihm den letzten Lebensabschnitt so angenehm wie möglich zu machen, ist das Minimum dessen, was wir dem Hund zurückgeben können.

Abschied nehmen ist ein sehr persönlicher Moment

Der Tag des Abschieds kommt unausweichlich. Ob der Hund nach einer Erkrankung oder einfach aus Altersgründen gehen wird, wissen wir vorher nicht. Ist das Leben noch lebenswert für meinen Hund? Das ist die entscheidende Frage, die man sich in solchen Tagen und Stunden stellen muss. In freier Natur sondert sich ein sterbendes Tier von der Gruppe ab und zieht sich an eine unzugängliche Stelle zurück. Andere alte und stark geschwächte Tiere fallen Räubern zum Opfer. Beim Hund, der in der Obhut des Menschen lebt, müssen wir die Verantwortung übernehmen und die schwere Entscheidung treffen, ob er eingeschläfert werden soll. Der Hund weiß nicht, wie alt er ist, aber er spürt, dass seine Kräfte nachlassen und das Leben beschwerlich wird und an Reiz verliert. Die Medizin kann heute viel bewirken, doch der Moment des Abschieds ist immer ein tiefer und persönlicher Schmerz. Viele Halter bringen ihren Hund zum Tierarzt. Für mich ist die Arztpraxis der denkbar ungeeignetste und unpersönlichste Ort für diesen ganz privaten und sehr persönlichen Augenblick. Wann immer es möglich ist, sollte man den Tierarzt bitten, in die vertraute Umgebung des Hundes zu kommen. Der Ort, an dem sich Mensch und Hund verabschieden, sollte der Ort sein, an dem sich beide besonders geborgen und wohl gefühlt haben.

Die Hunde, mit denen ich mein Leben teilen durfte, haben es bislang immer geschafft, mir unmissverständlich klarzumachen, dass es nun vorbei ist. Ich empfinde es als ein großes Glück, dass ich sie in diesen Stunden begleiten konnte. Jeder einzelne hat seinen eigenen Platz in meinem Herzen gefunden und wird ihn für immer behalten.

Ältere Menschen haben durch den Hund oft mehr Bewegung und Kontakte zu anderen Menschen.

Sorgfältige Aufzucht und gutes Management

Fehler vermeiden und vorausschauend handeln heißt ein Kapitel im Pflichtenheft der HarmoniLogie. Die Unterbringung des neuen Hundes, seine Eingewöhnung und Organisation verursachen ebenso oft Missstände wie fehlerhafte oder unzureichende Erziehung und Ausbildung. Sorgfältige, gut organisierte Aufzucht und ein durchdachtes Management rund um den Hund sind weitere Grundbausteine einer erfolgreichen Partnerschaft. Das Rad muss der Halter dazu nicht neu erfinden, er kann und sollte vielmehr auf die Erfahrungen von Profis zurückgreifen. Sobald der Knirps ins Haus kommt, muss er organisiert werden. Nur so stellt man sicher, dass sich zwischen Mensch und Hund ein harmonisches Verhältnis entwickelt – mit vielen schönen und fröhlichen Momenten.

Harmonie und Partnerschaft **brauchen klare Regeln**

Management des Hundes: Das mag etwas eigen klingen, doch gute Organisation ist auch hier (fast) alles. Und deshalb sollten Sie als Halter wissen, was Sie wollen. Und die Grundregeln des Zusammenlebens kennen.

Wie man ein erfülltes Hundeleben organisiert

Mit einer Liebeserklärung ist es nicht getan. Ihr neuer vierbeiniger Partner braucht klare Regeln, an denen er sich orientiert und die ihm den Weg zu einer stabilen und gesunden Persönlichkeit zeigen. Wer auf Regeln und Formen verzichtet oder sie immer wieder variiert, überfordert und stresst damit jeden Hund – nicht nur den jungen.

Auf die Bremse treten

Sturm und Drang. Dem kleinen Unhold ist es ganz offensichtlich schnuppe, ob der teure Wohnzimmerteppich heil bleibt oder nicht; Herrchens Hausschuhe kommen ihm für herzhafte Bisstests während der Zahnung gerade recht; und wenn er muss, dann muss es gleich und egal wo auch immer sein. Es gibt Menschen, die lassen wegen ihrer Hunde alle Fußböden im Haus mit Fliesen auslegen, anderen wachsen während der Sturm- und Drangzeit des Hundes jede Menge grauer Haare. Dabei ist es so leicht, einen Hund zu erziehen und zu organisieren.

Freiräume schaffen. Kein Mensch kann von jetzt auf gleich 24 Stunden am Tag in die Erziehung eines Hundes investieren – schon gar nicht jemand, dem zum ersten Mal ein Hund ins Haus schneit. Es tut daher not, sich möglichst schnell Freiräume zu schaffen. Darf der Hund in der Wohnung leben, muss man ihm von der ersten Stunde einen privaten Ruhe- und Rückzugsplatz reservieren. Einen Ort, an den der Vierbeiner sich zurückziehen kann, vor allem aber einen Ort, der den Menschen zumindest zeitweise Ruhe vor dem kleinen Monster garantiert. Am besten ein eigenes Zimmer und vielleicht auch einen umzäunten Auslauf im Garten. Für kurze Zeit kann man sich mit einer Flugtransportkiste behelfen, die ähnlich wie ein verschließbares Körbchen funktioniert, in dem man den Hund vorübergehend »parken« kann. Es geht dabei nicht um Distanz, sondern um kleine Pausen zum Luftholen für beide Seiten. Die organisierten Pausen sind der erste wichtige Schritt in ein entspanntes und fröhliches Miteinander. Der Tagesablauf des Hundes muss einfach, leicht überschaubar und so organisiert sein, dass das Familienleben nicht beeinträchtigt, sondern bereichert wird.

> Freiräume und Freiheiten braucht jeder. Gönnen Sie sich und Ihrem Hund Pausen zum Luftholen.

Tiere haben es immer verstanden. Über Fallstricke und Komplikationen stolpert nur ein Trainer, der alles hinterfragen und deuten will. Gehen Sie von Beginn an sparsam mit der Sprache um und reduzieren Sie Ihren Gesprächspart auf wenige unmissverständliche Signale. Ziel der ersten Ausbildungsschritte ist der unkomplizierte und unauffällige Hund. Er passt sich neuen Situationen an und gewinnt durch das Vertrauen zum Menschen die Sicherheit, die er braucht, um sich in allen Lebenslagen zu behaupten.

Der Hund muss erreichbar und kontrollierbar sein. Das hat für die HarmoniLogie absolute Priorität.

Unter Kontrolle. Wagen Sie sich in der ersten Ausbildungsphase möglichst nicht auf unbekanntes und (noch) nicht überschaubares Terrain vor. Die Beziehung der beiden so unterschiedlichen Partner wird allein durch die organisierte Kontrollierbarkeit geprägt. Sie ist die unverzichtbare Basis, um später Schritt für Schritt auch Situationen zu meistern, die anfangs unüberwindlich scheinen.

Ein ganz normales Leben

Der erreichbare Hund. Für die HarmoniLogie hat die Kontrollierbarkeit des Hundes absolute Priorität. Als Trainer müssen Sie sicher sein, dass Sie Ihren Hund erreichen und er sich auf Sie konzentrieren kann. Das sind die Grundbedingungen, um das »echte Leben« draußen in den Griff zu bekommen. Erst im nächsten Schritt geht es dann darum, die verschiedenen Alltagssituationen in Lektionen zu behandeln und zu lösen.

Gut anfühlen muss sich der Hund. Er darf nicht vor Ihnen durch die Tür gehen. Sie sollen ihn erst füttern, wenn Sie selbst gegessen haben. Auf solche und ähnliche Regeln, Ge- und Verbote trifft man ständig und überall. Im Grunde genommen sind sie absolut überflüssig. Sobald man in der Lage ist, den Vierbeiner zu kontrollieren und zu steuern, gibt es weder an der Tür noch beim Essen oder sonstwo Probleme. Das Miteinander muss so organisiert sein, dass die Gegenwart und der Tagesablauf des Hundes wie selbstverständlich in unser Leben passen. Und wieder das Bauchgefühl: Fühlt es sich mit dem Hund gut an, dann ist es auch gut.

Hundefreie Zonen. Tabubereiche können den Alltag erleichtern. Wie etwa die hundefreie Küche, das Bad, das Schlafzimmer oder auch nur das Sofa. Wem das wichtig ist, der muss es vom ersten Tag an festlegen und darf sich nie erweichen lassen. Der konsequent erzogene Hund respektiert die Grenzen, ohne auch nur einmal dagegen zu protestieren.

Die Erziehung eines Hundes verbindet alle

Während der Ausbildungszeit sollte sich nur eine Person um den Schüler kümmern, in seine Erziehung jedoch werden alle Familienmitglieder einbezogen. Die Ausbildung vermittelt Wissensstoff und Lehrmaterialien, die Erziehung hingegen orientiert sich an den Erfordernissen des Gemeinschaftslebens. Die Ausbildung ist irgendwann abgeschlossen, die Erziehung findet immer und ein ganzes Hundeleben lang statt. Da ein Familienhund Kontakt zu allen Personen im Haus hat, sollte auch jeder in der Lage sein, ihn im erlernten Rahmen zu steuern, ihm bestimmte Dinge zu erlauben und andere zu kritisieren.

Ein Vierbeiner, der eng an seinen Menschen angeschlossen ist, lernt mit Leichtigkeit selbst komplizierte Lektionen und Tricks. Und die Übungen machen beiden viel Spaß – dem Menschen und dem Hund.

Leichter lernen mit der Politik der kleinen Schritte

Willy Brandt prägte einen Begriff, der auch bei der Arbeit mit Tieren Sinn macht: die Politik der kleinen Schritte. Viele Menschen können sich sicher kaum vorstellen, wie klein diese Schritte in der Erziehung des Hundes sind und vor allem, wie schnell man auf diese Weise trotzdem die gesteckten Ziele erreicht.

Jeder Schritt ein Erfolg

Als ich ein Kind war, musste ich viele Wege mit dem Fahrrad zurücklegen, da meine Mutter nicht ständig Taxifahrerin spielen konnte, weil sie voll berufstätig war und auch noch meine beiden Geschwister versorgen musste. Wenn mir dann auf den langen Strecken die Puste ausging, setzte ich mir immer kleine Ziele und versuchte, den weiten Heimweg zu verdrängen. Von hier bis zum nächsten Laternenmast, dann zum Waldrand, zur Wegbiegung, zum Ortsschild und so weiter. Von Willy Brandt wusste ich nichts, und bei seinem Satz hat er ja auch nicht ans Radfahren gedacht, aber mir hat die Taktik der kleinen Schritte sehr geholfen. Ich bin immer gut und oft erstaunlich frisch angekommen.

Lassen Sie Ihren Hund ruhig Fehler machen. Aus Fehlern lernt er schneller, als wenn alles glattläuft.

Der Weg ist das Ziel

Die HarmoniLogie arbeitet gewissermaßen im Brandt'schen Sinne: Das Wunschziel ist zwar vorgegeben, aber das ist nicht entscheidend. Weit mehr zählt jeder Schritt in die richtige Richtung. Und für jeden Teilerfolg, und sei er noch so klein, wird der Hund gefeiert. Der nächste Schritt und die nächste Unterrichtseinheit folgen erst dann, wenn der Schüler den vorherigen Schritt fehlerfrei wiederholen kann. Findet er nicht zur Lösung, dann ist sie vielleicht zu gut versteckt, oder der Hund muss auf dem Weg dahin zu viele Schritte machen. Als Trainer sollte ich jetzt die Aufgabe überprüfen und möglichst einfacher gestalten, damit die Lösung leichter wird und die Schritte kleiner und weniger anstrengend. Ein effektives und probates Mittel ist der Neustart einer Lektion. Warum nicht einfach noch einmal von vorne anfangen? Als Trainer vergeben Sie sich nichts, und Ihr Hund hat die Chance, Unsicherheiten und Fehler zu korrigieren. Vorausgesetzt natürlich, er ist wirklich gesprächsbereit.

Das »Projekt Hund« braucht Zeit

Wozu Geduld? Geduld wird in der Hundeerziehung immer wieder propagiert, aber kaum jemand fragt nach, was damit gemeint ist. Als Tiertrainer geduldig mit den Schülern umzugehen, ist sicher lobenswert und von Vorteil. Wichtig aber ist es zu wissen, worauf sich die Geduld richtet. Geduld wirkt sich positiv und fördernd auf die Entwicklung eines Tieres, auf die wachsende Intensität der Beziehung von Mensch und Tier und auf die Arbeit im Unterricht aus.

Zeit zur Reifung. Nun gibt es Hunde, die einfach vom Lebensalter her noch nicht in der Lage sind, bestimmte Leistungen zu bringen. Zwölf Monate später sieht die Welt dann ganz anders aus. In dieser Zeit verbessert sich die Trainierbarkeit des Hundes entscheidend, und er zeigt sich deutlich belastbarer. Das erfordert viel Geduld. Geduld, bei der es sich nicht um das geduldige Abwarten in einer konkreten Situation handelt, sondern gleichsam um eine »Langzeitgeduld«. Doch damit kommen viele Halter und Trainer nicht gut klar. Aber es ist tatsächlich so, dass das »Projekt Hund« seine Zeit braucht und dass sich manche Stolpersteine, die dem Team im Moment heftige Kopfschmerzen bereiten, allein durch gewissenhafte Basisarbeit aus dem Weg räumen lassen. Trainierbarkeit und Belastbarkeit sind zwei Faktoren, die heranreifen müssen. Mit einem Fingerschnippen ist es nicht getan. Ein Jahr hört sich unendlich lang an. Für die Ausbildung des Hundes spielt die Wartezeit keine große Rolle, wohl aber für den dünnen Geduldsfaden und den brennenden Ehrgeiz seines Besitzers. Da ist ein Welpe noch nicht gesprächsbereit und noch nicht leinenführig, er soll aber schon fünf Signale verstehen und fehlerfrei befolgen.

Alltagstauglichkeit. Lassen Sie Ihrem Hund Zeit. Und lassen Sie sich selbst Zeit, um die Persönlichkeit des jungen Hundes kennenzulernen und das Hundevokabular (→ Seite 102) zu trainieren. In diesem Alter macht man den Hund nur mit normalen Alltagssituationen vertraut. Auf den Jahrmarkt und ins Kaufhaus gehen, U-Bahn und Rolltreppe fahren muss ein Welpe noch nicht.

Produktive Ungeduld

Nicht immer ist Geduld der richtige Ratgeber: Ungeduldig darf der Mensch reagieren, wenn es darum geht, die Gesprächsbereitschaft des Hundes einzufordern oder eine unmittelbare Reaktion zu erreichen. Diese Form der Ungeduld ist positiv belegt und durchaus produktiv, weil so das Timing des Menschen dem aktuellen Reaktionsvermögen des Hundes angepasst werden kann. Die einzelnen Schritte der jeweiligen Lektion fallen klein aus, und man wartet nicht ab, bis der Hund sich um die richtige Lösung bemüht, sondern nutzt seine spontane Gesprächsbereitschaft und lotst ihn zum nahe gesteckten und gut definierten Ziel. Kleine Hilfestellungen sind erlaubt und ebnen den Weg.

Für Autorin Anne Krüger beginnt die innige Beziehung zu ihren Hunden im frühen Welpenalter.

Phase 1: Erlernen. In der Ausbildungsphase des Erlernens arbeitet der Trainer mit der größtmöglichen Kontrolle bei minimaler Ablenkung. Für die Übungen wird ein ruhiger Ort gewählt, der Hund kommt an die Leine. Schüler und Lehrer sollten während der Lektionen gut gelaunt und entspannt sein.

Phase 2: Festigen. Sobald der Vierbeiner zuverlässig mitarbeitet, wechselt der Trainer zur Phase des Festigens. Die Anforderungen an den Hund steigen jetzt erheblich, weil die Kontrolle gelockert und die Ablenkung durch Außenreize gezielt verstärkt wird.

INFO

HUNDEAUSBILDUNG IN DER ANTIKE

Eine systematische Ausbildung des Hundes gab es schon in der Antike. Griechen und Römer setzten bereits damals Halsband und Leine ein. Der griechische Schriftsteller und Philosoph Xenophon schrieb, dass dabei der Tonfall eine große Rolle spielt und der individuelle Charakter des Hundes berücksichtigt werden sollte. In den ältesten Quellen über Hundeausbildung heißt es, das Ideal sei ein »freudiger Hund«.

Phase 3: Überprüfen. Während Phase 1 und Phase 2 zeitlich begrenzt sind, bleibt die dritte Phase auf Dauer und ein Hundeleben lang bestehen. Da die Beziehung zwischen Mensch und Hund keinen statischen, sondern einen sehr lebendigen und dynamischen Prozess darstellt, müssen die Intensität der Bindung und das Verständnis füreinander regelmäßig überprüft werden. Das hat nichts mit Kontrollzwang zu tun, sondern ist der probate Weg, um mögliche Missverständnisse und Fehlinterpretationen zu verhindern, die sich unbemerkt und unbewusst einschleichen und das Miteinander belasten.

Meist verlaufen die Übergänge zwischen den einzelnen Phasen fließend und erlauben so auch ein schrittweises Zurückgehen in den Lektionen. Wenn der Trainer speziell in den Phasen 2 und 3 nicht ganz konzentriert bei der Sache ist, können manchmal schon kleine Nachlässigkeiten ein Fehlverhalten des Hundes auslösen. Mit der rückwärtsgerichteten Arbeit im Drei-Phasen-System lassen sich die Fehlerquellen schnell aufspüren und nachhaltig beseitigen.

Was darf Erziehung und was darf sie nicht?

Glaubwürdigkeit signalisieren. Eine Mutter steht an der Supermarktkasse. Ihre Tochter entdeckt das Regal mit den Überraschungseiern, das genau in Kinderhöhe präsentiert wird. »Kauf mir doch ein Ei!«, bittet sie. Doch die Mutter lehnt ab, wartet aber zwangsläufig mit der Bezahlung ihres Einkaufs. Die Tochter quengelt weiter. Die Schlange der Kunden hinter der Mutter wächst, Unmut macht sich breit, und erste Kommentare werden laut: »Nun geben Sie ihr doch ein Ei!« und »Kann man das Geplärr nicht abstellen!?« Das Kind spürt, wie seine Mutter zunehmend nervöser und unsicherer wird, fühlt sich dadurch in seinem Verhalten bestärkt und jammert und nervt noch vernehmlicher, bis die Mutter klein beigibt und das Objekt der Begierde schließlich doch im Einkaufskorb landet.

Ein ganz alltägliches Ereignis, wie man es schon oft selbst erlebt oder beobachtet hat.

Das Nein der Mutter konnte in dieser Situation nicht genug Wirkung zeigen, weil ihr verunsichertes Verhalten im Widerspruch dazu stand und weil die anderen Kunden die Opposition des Kindes unterstützten. So wie hier kommt man auch mit dem Hund ab und zu in Situationen, wo er trotz gewissenhafter Erziehung durch ungünstige Konstellation der Außenreize zum Fehlverhalten stimuliert wird. In unserem Beispiel hätte die Mutter ihr Nein mit einer eindeutigen Handlung untermauern müssen, um jeden Zweifel an ihrer Glaubwürdigkeit auszuschließen.

Verhält sich die Mutter konsequent und setzt sich durch, würden möglicherweise einige Umstehende den Kopf schütteln. Aber niemand würde sich aufregen, wenn sie dann die Tochter am Arm zum Auto zerrt, immer noch stinksauer wegen der misslichen Lage, in die sie gebracht wurde. Für das Kind erschließt sich der Zusammenhang nicht, hat es sich doch eben unter den Augen vieler Leute die Trophäe erkämpft.

Muss Kritik gesellschaftsfähig sein? Um auf den Hund zurückzukommen: Kritik ist wichtig und von Zeit zu Zeit unumgänglich.

WER KOMMT IN MEINE ARME?

1 »Komm in meine Arme!« können Sie auch Ihrem Hund beibringen. Wie bei allen Lektionen wird die Übung in kleinen Schritten nach dem Drei-Phasen-System (→ Seite 133) unter möglichst geringer Ablenkung trainiert.

2 Fangen Sie im Sitzen an, und bringen Sie Ihrem Hund bei, auf Ihren Schoß zu springen. Je sicherer das klappt, desto weiter können Sie sich aufrichten, bis Sie schließlich stehen. Der Hund vertraut Ihnen bei dieser Aktion, weil er erfahren hat, dass Sie ihn sicher auffangen.

3 Bei manchen Hunden ist das Anspringen eine Unart, die verboten werden muss. Durch richtige Schulung kann man aus dem Verbot ein Gebot machen. Dadurch wird das Anspringen abrufbar, und der Hund lernt zu unterscheiden, wann die Nähe zu seinem Menschen erwünscht und erlaubt ist und wann nicht.

Sie muss direkt und unmissverständlich sein und bei Bedarf von einer unangenehmen Handlung flankiert werden. Wer das bei seinem Hund in aller Öffentlichkeit praktiziert, macht sich schnell unbeliebt. Das Ende vom Lied: So mancher Halter verzichtet lieber auf die eigentlich nötige Maßregelung, weil er fürchtet, sich in den Augen der Mitmenschen als hartherzig, übermäßig streng und intolerant zu disqualifizieren. Gut muss man sein zum besten Freund des Menschen und alles positiv lösen. Dabei ist es gesellschaftlich aber durchaus lizenziert, mit der Leine heftig an seinem Würgehalsband zu zerren und ihn aus voller Kehle anzuschreien, wenn er nicht so will wie sein Halter. Dem Publikum darf man dann erklären, dass er extrem temperamentvoll ist und dass man ihn nur auf diesem Weg unter Kontrolle hat. Was natürlich von allen honoriert wird. Dass der Kerl schlicht unerzogen ist, interessiert sowieso keinen.

TIPP

VERSCHAFFEN SIE SICH RESPEKT!

Sie kommen mit Ihrem Hund gut zurecht, solange Sie alleine mit ihm sind, aber nicht in Gesellschaft? Das liegt oft daran, dass ein Hund die fehlende Präsenz seines Besitzers registriert und den Freiraum für sich nutzt. Verschaffen Sie sich Respekt, und korrigieren Sie ihn sofort, wenn er zum Beispiel unerlaubt an anderen Menschen schnüffelt. Nur auf diese Weise lernt Ihr Hund: Mein Mensch ist immer konsequent.

Mit Handgreiflichkeiten zur Partnerschaft. Den Sinn von Handgreiflichkeiten habe ich schon erläutert (→ Seite 92). Dass die Handgreiflichkeiten der HarmoniLogie von denen abweichen, die von den Verfechtern einer antiautoritären und allzeit positiven Hundeerziehung propagiert werden, muss ich eigentlich nicht extra betonen. Wo es zu den öffentlich anerkannten Handgreiflichkeiten gehört, ein Kind am Arm hinter sich herzuschleifen oder den Hund am Hals zu würgen, ist für die andere Wirklichkeit der HarmoniLogie leider nur wenig Platz.
Der Hund wurde verwarnt und hatte genug Zeit, um sein Verhalten zu ändern und dem Halter ein Angebot zu machen. Er macht es nicht, und sein Pilot wird handgreiflich: Er erschreckt den Hund massiv, er bedrängt ihn oder drängt ihn zur Seite – immer mit dem Ziel, ein Angebot zu erhalten und die Gesprächsbereitschaft wiederherzustellen. Die Handgreiflichkeiten der HarmoniLogie führen zum Lernerfolg und bieten Auswege aus schwierigen und festgefahrenen Situationen. Und sorgen dafür, dass die Glaubwürdigkeit des Piloten vom Schüler nicht immer wieder infrage gestellt wird. Mit anderen Worten: Sie ebnen den Boden für eine harmonische Partnerschaft. Das wiederum unterscheidet sie grundlegend von den »anerkannten Handgreiflichkeiten«.

Frechheiten und andere Unarten des Hundes

Lizenz für Fehltritte. Der eine interessiert sich für tausend tolle Dinge, nur Herrchen ist ihm völlig schnuppe; der andere geht lieber auf die Karnickeljagd, als dem ständigen Rufen seines Menschen zu folgen. Dann gibt es natürlich den Fremdenhasser, der jeden Unbekannten böse anknurrt, weil er im Tierheim schlechte Erfahrungen gemacht hat; aber auch den erklärten Menschenfreund, der vom Kleinkind bis zum Großvater alle Welt begeistert und vorzugsweise mit schmutzigen Pfoten anspringt. Unvollständig wäre die Aufzählung ohne den Wadenzwicker, der ein besonderes Faible für Postboten und andere Uniformträger entwickelt hat; ebenso muss der kläffende Giftzwerg gewürdigt werden, der alle Bewohner des Viertels terrorisiert; oder die Schlabberzunge, die offensichtlich einem inneren Drang folgt und jedem Kind hingebungsvoll das Gesicht abschleckt. Die Formen und das Ausmaß der Frechheiten von Hunden scheinen unbegrenzt, und immer wieder hört man von neuen und noch viel erstaunlicheren. Dabei meint »Frechheit« aber keineswegs aufmüpfiges Verhalten, das dem Hundehirn entspringt, sondern vielmehr Fehltritte, die der Mensch bewusst oder unbewusst entschuldigt und somit gefördert hat.

Jeder Hund ist lernfähig. Kein Hund reagiert jemals absichtlich frech oder zerbricht sich den Schädel, wie er es seinem Besitzer einmal so richtig zeigen kann. Was der Mensch als unangepasstes oder fehlerhaftes Verhalten bei seinem Hund registriert, spiegelt fast immer

Unangepasstes Verhalten des Hundes spiegelt häufig die Versäumnisse und Sünden des Menschen wider.

seine eigenen Sünden und Versäumnisse im Umgang mit dem tierischen Partner wider, ebenso wie sein Unvermögen, den Benimm in geregelte Bahnen zu lenken. Jeder Hund kann sich zu benehmen lernen, ganz egal ob Rasse oder Mischling. Es stimmt nicht, dass die Terrier immer die Rute oben tragen müssen. Es stimmt nicht, dass man einen Windhund nicht erziehen kann. Es stimmt nicht, dass alle Schäferhunde aggressiv sind. Es stimmt

Dackel sind alles andere als stur und aufsässig. Mit großer Freude geben die kleinen Vierbeiner alles, wenn sie wissen, dass bei ihrem Menschen jede Menge Lob und Harmonie auf sie warten.

nicht, dass Dackel stur und aufsässig sind. Es stimmt nicht, dass Bernhardiner dumm sind. Solche Vorurteile stammen vor allem von Zeitgenossen, die mit der Hundeerziehung nicht zurechtkommen und ihr Unvermögen auf den Hund abwälzen. Was aber spricht dagegen, sich einzugestehen, dass man etwas noch nicht richtig beherrscht? Mit ein bisschen gutem Willen kann man vieles lernen oder aber andere um Unterstützung bitten.

Ausreden und Entschuldigungen. Hundehalter entwickeln viel Kreativität, wenn es darum geht, die selbst verschuldeten Fehler in der Erziehung ihres Vierbeiners vor sich und anderen zu überspielen. Und manchmal klingt es fast schon stolz, wenn es angesichts eines ungezähmten Rabauken heißt: »Er hat halt den Übermut von seinen Eltern geerbt.« Obwohl man jede Wette halten könnte, dass auch dieser Besitzer sich wegen seines missratenen Problemhundes häufiger, als ihm lieb ist, die Haare rauft. Und nicht immer stoßen die Ausreden und Entschuldigungen auf positive Resonanz. Verständlich, wenn Nachbars Katze sich mal wieder nur um Haaresbreite auf einen Baum retten kann, Kinder aus

REIFENSPRUNG DURCH DIE ARME

1 Diese Lektion beeindruckt Zuschauer immer wieder. Ihre Arme als »Reifen« haben Sie ja immer dabei. Starten Sie mit möglichst wenig Ablenkung, zum Beispiel im Wohnzimmer. Halten Sie eine Leine breit ausgespannt dicht über den Fußboden, und fordern Sie Ihren Hund auf, drüberzuspringen.

2 Beherrscht er diesen Lernschritt, verkürzen Sie die Leine immer mehr, bis sich Ihre Hände berühren. Klappt das gut, kann der Abstand vom Boden sukzessive vergrößert werden. Legen Sie für diese Springübung ein eigenes Signal fest, damit Ihr Hund sofort weiß, wo er drüber- oder hindurchspringen soll.

3 Bilden Sie im letzten Schritt mit den Händen einen Reifen wie in den Fotos oben, anfangs sehr niedrig, später im Stehen. Lassen Sie Ihrem Hund und sich selbst viel Zeit bei dieser Lektion.

Angst vor dem Hund nur widerstrebend das Haus verlassen, eine Schafherde in Panik auf die Bahngleise läuft oder Besucher sich kaum bis zur Haustür wagen.

Den Hund formen. Der oft gehörte Spruch, dass der Hund eben so ist, wie er ist, hilft nicht wirklich weiter. Natürlich ist jeder Hund eine eigenständige und unverwechselbare Persönlichkeit, zu der auch Ecken und Kanten gehören. Natürlich gibt es unverrückbare rassebedingte Merkmale, und natürlich macht man aus einem Dackel keinen Windhund und aus einem Border Collie keinen Labrador. Das alles aber entschuldigt mangelnde Erziehung nicht. Im Rahmen seiner Möglichkeiten kann jeder Hund erzogen werden und angeschlossen sein. Leider wird der Leitsatz »Ein guter Trainer formt den Hund, aber er berührt niemals seine Persönlichkeit« häufig missverstanden. Er ist mitnichten der Freibrief für ein Laisser-faire in Erziehungsfragen, sondern bekräftigt vielmehr, dass erst der solide ausgebildete und kontrollierbare Hund sein Wesen und seine Persönlichkeit voll entfalten kann.

Die lange Liste der Frechheiten. Die Liste der Frechheiten, die sich Hunde leisten oder besser: mit Genehmigung ihres Besitzers leisten dürfen, ist nahezu endlos. Viele dieser Entgleisungen werden allerdings gar nicht als tadelnswert erkannt, weil man sich seit Langem an sie gewöhnt und mit ihnen irgendwie arrangiert hat. Hundehalter wissen, wovon ich rede: Am Wegesrand schnüffeln, statt dem Menschen seine Aufmerksamkeit zu widmen; Freunde, Bekannte und selbst fremde Personen bedrängen, anspringen und anrempeln; alles lauthals verbellen, was sich bewegt; wie ein Stier an der Leine zerren; das Sofa oder den Fernsehsessel ungefragt mit Beschlag belegen – und tausend Frechheiten mehr.

Gehorsam ist nicht gleich Zwang. Ob Mops oder Dogge – keine dieser Unarten und Unsitten müssen Sie sich gefallen lassen! Eine gewissenhafte Erziehung lässt keinen Platz für Frechheiten. Ein Hund darf gerne neugierig und temperamentvoll sein, aber nicht vorlaut und ungezogen. Erziehen beinhaltet immer auch, dass man sich sein Tier in bestimmten Situationen ganz gezielt vom Hals halten kann, dass man es »alltagstauglich« macht und einem gemeinsamen Lebensrhythmus anpasst. Die Erziehung des Hundes basiert auf einer lebendigen, sich immer wieder neu definierenden Interaktion zwischen dem Menschen und seinem vierbeinigen Partner. Dieses Miteinander generiert ein fein abgestimmtes Regelwerk. Eingehalten wird es mit Disziplin, Verständnis und Respekt – von beiden Seiten! Hundeerziehung ist keine Dressur, und der notwendige Gehorsam gründet sich niemals auf Zwang und Gewalt.

IMMER WIEDER BEI »A« ANFANGEN

TIPP

Bleiben Sie auch dann geduldig, wenn Ihr Hund frech wird und sich danebenbenimmt. Fangen Sie immer wieder bei »A« an. »A« steht für Aufmerksamkeit und Achtsamkeit. Versuchen Sie grundsätzlich zuerst seine Gesprächsbereitschaft herzustellen und führen Sie dann mit ihm eine Lektion durch. Verweigert er sich beim ersten Versuch immer noch, geht es erneut zurück zu »A« wie Achtsamkeit.

Das 1 x 1 der Hundeerziehung

Kapitel 7 DIE BEREITSCHAFT ZUM GESPRÄCH STEHT AM ANFANG DER HUNDEAUSBILDUNG. JEDE LEKTION LÄSST SICH SCHRITT FÜR SCHRITT ERARBEITEN.

Die 20 wichtigsten Lektionen für den Familienhund

Jede Ausbildungslektion folgt einem eigenen, speziell auf die Anforderungen ihrer Übungsteile zugeschnittenen Fahrplan oder Konzept. Entscheidend dabei sind Aufbau und Verknüpfung der einzelnen Trainingsschritte. Hält sich der Ausbilder ans Konzept, bereitet es keine Problem, einen oder mehrere Schritte zurückzugehen oder die Lektion von vorne zu beginnen, wenn der Hund die Aufgabenstellung nicht versteht oder eine falsche Lösung anbietet. Die Abfolge der Lektionen dieses Kapitel basiert auf der Ausbildungsskala für den Familienhund. Der Aufbau sollte vom Trainer eingehalten werden, da einige Ausbildungsziele der frühen Lektionen für spätere Lektionen notwendig sind. Darüber hinaus richtet sich der Schwierigkeitsgrad auch nach dem Lebensalter des Hundes.

Von der Gesprächsbereitschaft bis zu zirkusreifen Übungen

Die Gesprächsbereitschaft von Mensch und Hund ist der Ausgangspunkt, die glückliche Partnerschaft das Ziel. Mit den folgenden Lektionen wächst das Team aus Zwei- und Vierbeiner immer enger zusammen.

1 Gesprächsbereitschaft

Auch ein Welpe sollte schon freudig und aufmerksam auf die Ansprache seines Besitzers reagieren. In dieser frühen Phase verläuft das Leben des Hundes noch sehr geregelt und überschaubar und ist auf Haus und Garten beschränkt.

- Die Erziehung zum gesprächsbereiten Hund stellt die Basislektion der gesamten Ausbildung dar. Das Fundament für die »unmittelbare Gesprächsbereitschaft« kann nicht breit genug sein. Nur so lässt sich vermeiden, dass die darauf aufbauenden Lektionen zur Zitterpartie geraten. Ich registriere in meinen Seminaren zur Hunderziehung immer wieder erstaunt, wie viele Komplikationen von einer unzureichenden Gesprächsbereitschaft verursacht werden. Die mangelnde Bereitschaft des Hundes zum Dialog mit dem Menschen ist das einzige Fehlverhalten, das nach dem Ampelprinzip (→ Seite 67) bis zur Rotphase führen kann.
- Es gibt zwei mögliche Gründe, wenn der Hund eine Aufgabe nicht erfüllt und nicht zur Lösung kommt: Entweder kann er nicht oder er will nicht. Will er nicht, verweigert er sich oder trotzt, dann reicht die Präsenz des Piloten nicht aus, um seine Aufmerksamkeit zu fesseln – oder anders: Der Schüler hat keinen Respekt vor seinem Lehrer. Im Unterschied dazu macht ein Hund, der nicht kann, durchaus ein Angebot, leider aber das falsche. Um zur richtigen Lösung zu finden, braucht er Hilfestellung vom Trainer. Das Unvermögen kann auch medizinische Gründe haben, zum Beispiel Krankheit, Veranlagung oder Entwicklungsstörungen. Diese Ursachen müssen vor Wiederaufnahme der Lektion abgeklärt und ausgeschlossen werden.
- Das Training der Gesprächsbereitschaft ist keine Hexerei und klappt in der Regel auch bei Anfängern in der Hundehaltung ohne große Komplikationen. Bei einem jungen Hund dauert es etwa eine Woche, bis er die Lektion verinnerlicht hat. Damit ist es allerdings nicht getan. Fast jeder Hund probt in den verschiedenen Entwicklungsphasen den Aufstand und stellt dabei auch die Gesprächsbereitschaft infrage. Sie funktioniert also nicht reibungslos ein ganzes Hundeleben lang, sondern muss immer wieder bestätigt und gefestigt werden. Entscheidend ist aber vor allem, dass Hund und Mensch gemeinsam einen Weg finden, auf dem die Bereitschaft zum Dialog jederzeit und ohne viel Mühe wiederhergestellt werden kann. Den gesprächsbereiten Hund erkennt man an der Rute, die er entspannt abgesenkt unterhalb der Rückenlinie hält, und natürlich an seiner Zuwendung und ungeteilten Aufmerksamkeit für den Menschen.

2 Stubenreinheit

Der Hund soll sich melden, wenn er sein Geschäft verrichten muss, und er soll sich auf ein Signal hin im Freien lösen. Wenn Sie einige Hausregeln beachten, wird auch der kleinste Welpe im Handumdrehen stubenrein.

- Einem geschulten erwachsenen Hund bereitet es keinerlei Probleme, wenn er sich einmal für zwölf oder mehr Stunden nicht lösen kann. Dem Youngster fällt das viel schwerer. Er ist einfach von der körperlichen Entwicklung noch nicht in der Lage, sich über mehrere Stunden zurückzuhalten. Oder anders ausgedrückt: Ein Knirps mit Konfirmandenblase muss eben öfter.
- Um den Hund zu einer stabilen Stubenreinheit zu erziehen, schult man ihn auf ein bestimmtes Signal. Das läuft oft problemlos, verlangt aber manchmal doch etwas Einsatz und Geduld. Leider trifft man nämlich bei Hunden dann und wann auch auf waschechte Ferkel, in deren Erbinventar unter der Rubrik »Sauberkeitsempfinden« ein dickes Minus steht. Doch zum Glück ist die große Mehrheit ausgesprochen reinlich und von Haus aus peinlich darauf bedacht, niemals das eigene Nest zu beschmutzen. Sobald also der Welpe seine Decke oder sein Körbchen als Heimstatt erster Ordnung akzeptiert, haben Sie leichtes Spiel. Am Anfang kann man hundertprozentig davon ausgehen, dass der kleine Knirps eine volle Blase hat, wenn er aufwacht oder geweckt wird. Der perfekte Zeitpunkt, um ihn zum gewünschten Löseplatz nach draußen zu bringen und alles mit dem entsprechenden Lautsignal zu begleiten, zum Beispiel »Geh pinkeln«. Jede Wette dürfen Sie halten, dass der Zwerg auch nach dem Fressen einen Geschäftsdrang verspürt. Also gilt dann ebenso: Sofort vor die Tür!
- Beachtet der Hundemensch diese kleinen Regeln, ist die Stubenreinheit kein Problem mehr. Mit zunehmendem Alter können dann auch die Intervalle zwischen den Pinkelgängen verlängert werden. Der Hund bleibt jetzt tagsüber länger sauber und muss bald auch nachts nicht mehr raus. Manche Welpen sind schon nach drei Tagen zuverlässig stubenrein, bei anderen kann es zwei Wochen oder länger dauern.
- Der erzieherische Aspekt kommt wieder ins Spiel, wenn der Vierbeiner – aus welchen Gründen auch immer – rückfällig wird und sich irgendwo in der Wohnung verewigt. Das ist der Punkt, wo man die Ampel aktivieren muss und auf Gelb schaltet: Stürzen Sie sich wie ein Feuer speiender Drache auf den Übeltäter, damit ihm der Schreck in alle Knochen fährt, und bugsieren Sie ihn umgehend nach draußen. Dort aber wird mit einem liebevollen und sanften »Geh pinkeln« sofort wieder Frieden geschlossen. Und wenn es noch so schwerfällt: Stecken Sie den Ärger über das stinkende Attentat auf dem Teppich weg. Der kleine Tunichtgut hat es sowieso längst vergessen. Ganz wichtig: Die Verwarnung in der Gelbphase muss unmittelbar im Moment des Fehlverhaltens erfolgen, sonst bleibt die Wirkung aus. Absolut tabu: den Täter mit der Nase in sein anrüchiges Geschäft zu stoßen.

3 Leinenführigkeit

In der HarmoniLogie arbeitet man mit drei verschiedenen Leinen: Für den jungen Hund wählt man eine 1,50 bis zwei Meter lange, möglichst leichte, aber feste Leine mit einem stabilen Karabinerhaken aus. Zusätzliche Ösen oder Haken gibt es an der Leine nicht. In allen weiterführenden Lektionen kommt dann die fünf bis zehn Meter

Wer die Grundlagen der HarmoniLogie beherrscht, kann dem Hund auch zirkusreife Lektionen beibringen. Der junge Border Collie im Foto ist jedenfalls voll motiviert dabei.

DIE RICHTIGE LEINE

Für die Grundlektionen reicht eine normale Leine aus.

- Flexileinen, Jagdleinen, Leinen für Agility oder Joggen, aus Elchleder oder Nylon – Hundeleinen gibt es für jeden Zweck und in einer Vielzahl von Materialien und Farben.
- Für Ausbildung und Erziehung ist zunächst eine ca. 1,5–2 m lange, stabile Leine mit möglichst wenigen Ösen die beste Wahl. Erst später kann dann die 5–10 m lange Schleppleine eingesetzt werden.
- Die Hundeleine muss gut zu greifen, dabei aber leicht und fest sein.

lange Schleppleine zum Einsatz. Das Material der Wahl ist Nylon. Das ist belastbar und lässt sich gut reinigen. Für spezielle Übungen wie etwa Zirkuslektionen (→ Seite 171–175) benutze ich darüber hinaus eine kurze und sehr leichte Leine mit einfacher Schlaufe. Diese Leine ähnelt einer Katzenleine, passt in jede Hosentasche und ist immer dabei.

• Das Halsband sollte breit und weich gepolstert sein, um möglichst wenig Druck auf die empfindliche Halspartie des Hundes auszuüben. Es muss so eng am Hals anliegen, dass der Hund es auf keinen Fall über den Kopf abstreifen kann. Achten Sie beim Kauf darauf, dass die Schnalle gut schließt. Leider werden im Handel immer noch Stachel- und Würgehalsbänder angeboten, von denen ich dringend abrate. Hunde tragen ihren Personalausweis in Form von Blechmarken mit sich herum. Das aneinanderschlagende Metall produziert hochfrequente Töne, die man dem sensiblen Hundegehör ersparen sollte. Am besten bringen Sie eine kleine Tasche am Halsband an, in der alle Marken verstaut werden können.

• Bevor man mit der Leinenarbeit beginnt, muss sich der Hund ans Halsband gewöhnen. Warten Sie so lange, bis er es nicht mehr als Fremdkörper empfindet. Danach lernt er die Leine zu akzeptieren und bleibt in allen Situationen angeleint, bis er in der Lage ist, Kritik anzunehmen und umzusetzen. Ein Hund ist kritikfähig, wenn er auf Warn- oder Störsignale reagiert und sie mit einem Angebot beanwortet, sich also gesprächsbereit zeigt. Beispiel: Der Hund zieht an der Leine, der Trainer knurrt ihn leise an, der Hund dreht sich zu ihm um und macht ihm ein Angebot. Daraufhin fordert der Trainer den Hund auf, zu ihm zu kommen und streicht ihn ab. Die Leine bietet also die Gewähr, dass eine Kommunikation stattfindet – unabhängig davon, ob es tatsächlich dazu kommt oder nicht. Die Erlaubnis zum Freilauf erhält der Hund vorerst nur im Haus oder in einem eingezäunten Garten.

• Damit die Leine ihre Aufgabe als Kommunikationshilfe erfüllen kann, darf sie nicht unter Spannung stehen. Der Hund sollte nicht an der Leine zerren, und ebenso muss der Mensch am anderen Ende lernen, sie locker hängen zu lassen. Die Leine gleicht einem Zirkel, mit dem ein Kreis um den Menschen gezogen wird. Für einen noch nicht angeschlossenen Hund ist alles, was außerhalb dieses Kreises liegt, spannend und aufregend. Für Gerüche im Leinenbereich hat er keine Nase, auch wenn es dort genauso gut riecht wie draußen. Anders bei einem angeschlossenen Hund: Er interessiert sich für das Zirkelinnere und kommt oft auch von sich aus auf die Idee, seinem Menschen ein Angebot zu machen. Das nennen wir in der HarmoniLogie »Kompliment«, denn es ist ein großes Kompliment an den Menschen, wenn sein Schützling aus freien Stücken den Kontakt herstellt, ohne dazu aufgefordert zu sein oder auf eine Belohnung zu spekulieren. Das Kompliment sollte der Halter annehmen wie einen Blumenstrauß, den ihm ein kleines Kind schenkt. Der nicht angeschlossene Hund kommt nie auf diese Idee, er sucht sein Glück auch weiterhin außerhalb.

- Die Leinenführigkeit hat eine elementare Bedeutung, und die Lektion muss sorgfältig gearbeitet werden. Mit der Ausbildung an der Schleppleine sollte man erst beginnen, wenn keine Korrekturen der Leinenführigkeit mehr nötig sind und wenn sich Kritikfähigkeit und Gesprächsbereitschaft unter allen Bedingungen sicher herstellen lassen.

ERSTE SCHRITTE ZUR LEINENFÜHRIGKEIT

1 Mit Beginn der Ausbildung wird der junge Hund an die Leine genommen, wie hier dieser Border Collie. Sofort versucht er bis ans Ende der neuen Begrenzung zu laufen. Doch schon vorher hört er den Warnton des Menschen und schenkt ihm seine Aufmerksamkeit.

2 Genau in diesem Augenblick erfolgt die Einladung: Die Trainerin animiert den Welpen zum Herkommen. Um es ihm etwas leichter zu machen und nicht bedrohlich zu wirken, geht sie in die Hocke. Nach einem freundlichen »Hier« kommt der kleine Kerl herbei.

3 Das erste Herkommen wird wie ein Fest gefeiert. Der Kleine lässt sich gerne abstreichen, und er hat gelernt: Zu meinem Menschen zu kommen, ist sehr, sehr schön. Bei gutem Timing gibt es auch kein Rucken oder Zerren an der Leine. Ein erster, aber großer Schritt in die Harmonie.

EINLADUNG ZUM HERKOMMEN

1 Das Herkommen ist in vielen Situationen eine wichtige Anweisung und dient auch der Sicherheit des Hundes. Die HarmoniLogie versteht dieses Signal als Einladung. Herkommen steht daher am Beginn der Ausbildung und wird später auch aus der Distanz geübt.

2 Die Einladung beginnt an der Leine. Der Hund ist nur etwa einen Meter entfernt; die Trainerin ruft ihn beim Namen und gibt das Signal fürs Herkommen, zum Beispiel ein freundliches »Hier«. Eine Hand hält die Leine, die andere gibt ein Sichtzeichen, das auch später zur nonverbalen Kommunikation verwendet werden kann. Name und Sichtzeichen sind ziehende Hilfen (→ Seite 109).

3 Ist der Hund angekommen, bleibt seine Trainerin aufrecht stehen. Für den nach oben blickenden Hund ist es bequemer, wenn er sitzt. Bleibt er stehen, hilft eine leichte Bewegung auf ihn zu (→ schiebende Hilfe, Seite 109), um ihn zum Setzen zu animieren.

4 Die Einladung ist angekommen, wenn der Hund sich hingesetzt hat und Blickkontakt mit seiner Pilotin aufnimmt. Jetzt ist ein dickes Lob fällig.

• Das Training mit der Schleppleine ist der Einstieg in die Distanzarbeit (→ Lektion 8, Seite 157). Erweist sich der Hund schließlich als leinenführig und lässt sich über die Leine sicher korrigieren, können weitere Übungen auch außerhalb von Haus und Garten stattfinden. Wechseln Sie dabei möglichst oft und für den Hund nicht vorhersehbar zwischen Arbeit an der Leine und Freilauf. Bei einem Welpen dauert es etwa eine Woche, bis er die Lektion begriffen hat. Die Leine ist ein wichtiges Erziehungswerkzeug und wird auch in der weiteren Ausbildung eingesetzt.

4 Herkommen

Das Herkommen wird an der Leine und im Haus oder Garten geübt. Der Hund soll auf ein leises Signal zu seinem Menschen kommen, sich vor ihn hinsetzen, den Blickkontakt halten und in dieser Position bleiben, bis ein neues Signal folgt.

• Das Herkommen entspricht in der HarmoniLogie einer Einladung. Es stellt ein Signal und keinen Befehl dar. Entscheidend sind die Qualität und Eindeutigkeit des Signals. Es darf nicht als pauschale Aufforderung missverstanden werden können, sondern muss dem Hund die Richtung exakt vorgeben, um ihn zur Lösung zu bringen.

• Erprobt wird das Herkommen schon ganz am Anfang der Ausbildung. Es setzt in dem Moment ein, wo sich der junge Hund gegen die noch ungewohnte Leine wehrt. Wird ein Welpe zum ersten Mal angeleint, kommt unweigerlich der Moment, wo er die Begrenzung spürt. Häufig erschrickt der Zwerg dann vor dieser Freiheitsberaubung und versucht, sich aus der beklemmenden Situation zu befreien, was nicht selten von hysterischen Anfällen begleitet wird. Ihn jetzt einfach gewähren zu lassen, wäre die falsche Entscheidung. Die HarmoniLogie sorgt dafür, dass die Geschichte für den hilflosen Kleinen zu einer effektiven Lösung führt: Der Trainer gibt einen Arrêt an der Leine und unterstützt die Aktion durch warnendes Knurren. Der Arrêt ist ein Begriff aus der Reiterei. Dabei setzt der Reiter mit den Zügeln eine kurze Irritation in Richtung des Pferdemauls und macht das Pferd so auf sich und die nachfolgende Hilfengebung aufmerksam. Die Zügel werden nicht angezogen, nach dem Arrêt steht die Hand wieder in Ausgangsposition.

• Beim Hund wirkt die Irritation der Leine auf den Oberhals und treibt ihn zunächst weiter vom Menschen weg. Weil dessen Hand aber nicht zieht, sondern stehen bleibt, bringt der Vierbeiner sich in eine unglückliche Lage und registriert, dass er so nicht weiterkommt. Entscheidend ist das Verhalten des Trainers: Er verharrt ruhig in der Hocke und knurrt auch weiter leicht bedrohlich, bis sein Schüler nicht mehr wegdrängt. In der Regel versucht der Hund nun, aus der unangenehmen Situation herauszukommen. Er merkt, dass es nach hinten nicht weitergeht. Mit dem Versuch, sich nach vorne zu befreien, macht er dem Menschen ein Angebot. Hier kommt der Name des Hundes als ziehende Hilfe gerade recht, und er begleitet den Welpen auf dem Weg zu seinem Trainer. Bei ihm angekommen, wird der kleine Kerl freudig begrüßt. Die ganze Prozedur läuft normalerweise in wenigen Sekunden ab, und der Erfolg wird mit Abstreichen und viel Lob gefeiert. Der junge Hund realisiert sehr schnell, dass er das Zerren an der Leine gegen eine liebevolle Einladung eintauschen kann. Bis die Lektion endlich sitzt, wird auch weiterhin jedes unerwünschte Ziehen an der Leine getreu dem Ampelprinzip mit leisem Knurren verwarnt

mit dem Welpen sollten auf zwei Übungsminuten etwa fünf Minuten Pause folgen. Und nach diesem Rhythmus geht es weiter. Man kann einen Hund viele Hundert Mal am Tag ansprechen, aber die eigentliche Teamarbeit sollte immer kurz und der Kondition des Schützlings angemessen sein. Das gilt besonders bei sehr jungen Hunden. Für diese Lektion sollten Sie bei einem zwölf Wochen alten Welpen drei Tage veranschlagen.

TIPP

WER PAUSEN MACHT, LERNT SCHNELLER

Frisch an die Arbeit und dann eine Rast einlegen, wenn es am besten läuft. Das ist eine alte Weisheit, die nicht nur Tiertrainer beherzigen. Auf diese Weise geht der Hund aus einer Lernsituation, die seine volle Konzentration gefordert hat, positiv gestärkt in die Pause. So gestimmt behält er das gerade Gelernte deutlich besser. Pausen dienen also nicht nur der Entspannung, sie fördern auch den Lernprozess.

7 Hinlegen

Der Hund erlernt das Kommando für das Hinlegen und führt es später unter Ablenkung und auf große Distanz sowie auf ein Handzeichen oder Pfeifsignal zuverlässig aus. Ähnlich dem Herkommen ist das Ablegen eine elementare Lektion. Kann der Trainer seinen Schüler auf diese Weise fehlerfrei dirigieren und punktgenau an einem beliebigen Ort stoppen, ist das ein ganz entscheidender Schritt zur Harmonie.

- Der Leitsatz der HarmoniLogie »Durch das Abstellen der Störung findet der Hund zur richtigen Lösung« gilt auch beim Hinlegen. Der Schüler wird also nicht mit einer Belohnung oder anderen Verlockung dazu gebracht, sich auf den Boden zu legen. Er findet den Weg dorthin und die Lösung von selbst, indem er einem leichten Druck im Nacken ausweicht. Bei dieser Übung hockt der Mensch vor seinem gesprächsbereiten Hund. Eine Hand hält den Vierbeiner sanft und weich in der sitzenden Position, damit er sich nicht von alleine niederlegt, die andere streicht sein Fell ab. Dann setzen die Finger an der Nackenmuskulatur hinter dem Halsband und direkt vor den Schulterblättern an. Diese Stelle ist außerordentlich gut bemuskelt. Hier drückt der Trainer nun behutsam mit Zeigefinger und Daumen von beiden Seiten auf die Muskelstränge. Der Hund versucht sich dem leichten Druck zu entziehen. Da die zweite Hand ihn stützt, kann er weder aufspringen noch sich seitlich wegdrehen. Der Druck im Nacken hört aber sofort auf, wenn er sich nur wenige Millimeter nach unten bewegt. Für jede Bewegung in dieser Richtung wird der Hund gelobt. Und gleich darauf beginnt das Spiel von vorne. Jetzt gibt der Trainer auch das Hinlegekommando. Es wird leise ausgesprochen und soll die Handlung unaufdringlich, gleichsam plätschernd begleiten. Die stützende Hand sorgt dafür, dass der Hund sich nicht zufällig nach unten bewegt, sondern die für diese Situation einzig richtige Entscheidung trifft und sich hinlegt.
- In dieser Phase der Lektion geht es zunächst einmal nur um die Bewegung und die Bewegungsrichtung. Es soll sichergestellt werden, dass sich der Hund hinlegt. Wie und wie lange er es tut, ist jetzt noch zweitrangig. Der Schüler verinnerlicht jedenfalls schon,

dass der leichte, aber trotzdem nicht sehr angenehme Druck im Nacken schlagartig aufhört, wenn er nach unten ausweicht. Und er stellt fest, dass ihm die Lösung gefällt, weil sie sich gut anfühlt. Die Reaktion liegt auf der Hand: Er bietet dem Menschen diese Lösung in der konkreten Situation immer wieder und schon nach wenigen Versuchen konstant an. Nach kurzer Zeit nimmt er ganz automatisch eine liegende Position ein – und erhält dafür natürlich ein großes Lob.

- Im Folgeschritt führt der Ausbilder das entsprechende Störsignal ein. Er warnt die minimale Handgreiflichkeit ordnungsgemäß an. Dieses Anwarnen gleicht einer schiebenden Hilfe, sodass der Hund die Lösung schon bald aus eigenem Antrieb in der Distanz zum Menschen sucht. Das Warnsignal gibt ihm dabei die Chance, seine Ausweichbewegung zu beschleunigen, den Druck abzustellen und so die Lösung schneller zu finden. Die Lektion wird vom Trainer gestartet und beendet. Aufrichten darf sich der Hund erst, wenn er das Kommando dazu erhält.
- Erschwert werden sollte diese Übung, sobald der Hund durch seine Reaktion deutlich macht, dass er den Ablauf verstanden hat, die Liegeposition sofort, ohne Fehlversuch und Abweichung einnimmt und sie auch für eine geraume Zeit hält, ohne ständig anzufragen,

BEIM HINLEGEN KOMMT ES AUF DEN DRUCKPUNKT AN

1 Mit dem Hinlegen kann der Hund später jederzeit punktgenau gestoppt werden. In der Schulungsphase findet er die Lösung selber, indem er dem sanften Druck der Finger im Nacken nach unten hin ausweicht. Die Hand gibt nach oben hin nicht nach, verfolgt den Hund im Ausweichen aber auch nicht weiter nach unten.

2 Erst wenn es erforderlich ist, rückt die Hand sanft nach und baut erneut leichten Druck auf. Die Finger bleiben auf dem Druckpunkt. Die Bewegung nach unten wird von einem freundlichen »Mach Platz bitte« begleitet. Diese kleinen Übungsschritte werden so lange wiederholt, bis der Hund sich gelegt hat. Dann wird er natürlich ausgiebig gelobt.

ob er endlich wieder aufstehen darf. Mögliche Komplikation Nr. 1: Der Ausbilder beugt sich nicht mehr zum Hund hinunter, sondern bleibt aufrecht stehen. Komplikation Nr. 2: Der Hund lernt, sich direkt aus der Bewegung hinzulegen. Komplikation Nr. 3: Ablegen an einem anderen Ort.

- In dieser Lektion wird der Hund mit einem Signal zum Hinlegen aufgefordert, für das Liegenbleiben aber gibt es kein weiteres Kommando. Grundsätzlich gilt ein Signal so lange, bis es durch ein anderes ersetzt oder aufgelöst wird. Verlässt der Hund noch während der Übung den Platz, an dem er gelegen hat, wird er nicht für diesen Ortswechsel, sondern für den Ausstieg aus der Lektion kritisiert. Die Übung wird nicht am ersten Abliegepunkt fortgesetzt. Er muss sich dort hinlegen, wo er sich gerade aufhält. Sobald der Hund verstanden hat, dass er nicht einfach aus einer Lektion aussteigen darf, bleibt er automatisch am einmal gewählten Platz. Hier wie bei allen Lektionen sollten Sie dem Grundprinzip der HarmoniLogie folgen und mit möglichst wenigen Signalen arbeiten.
- Wenn der Schüler im fortgeschrittenen Training aufgefordert wird, sich in einer bestimmten Entfernung vom Menschen hinzulegen, hat er nicht selten ein Problem. Bis zu diesem Moment wurde die Lektion in un-

HINLEGEN GEHÖRT ZU DEN ELEMENTAREN LEKTIONEN

1

2

1 Hinlegen ist eine wichtige Übung für den Hund. In allen Lebensbereichen ist ein sicheres »Stopp« der Schlüssel zur Freiheit. Auch der Familienhund sollte das Hinlegen immer und überall beherrschen, zunächst an der Leine, später auch auf Distanz. Hier helfen Handzeichen, die zur Vorbereitung schon früh trainiert werden.

2 Zusammen mit dem freundlichen »Mach Platz bitte«, das der Hund bereits kennt (→ Seite 155), bewegt sich die Handfläche der Trainerin nach unten. Gleichzeitig neigt sie dabei ihren Oberkörper leicht nach vorne. Die meisten Hunde kombinieren schnell. Und jeder Jogger oder Radfahrer wird es Ihnen danken, wenn sich Ihr Hund auch auf Distanz hinlegen kann.

mittelbarer Nähe zum Menschen gearbeitet. Es kann also durchaus passieren, dass der Hund die Nähe mit der Aktion des Hinlegens verknüpft. Um zu verhindern, dass sich diese Verknüpfung zu einem Lernmuster verfestigt, muss der anfängliche Konflikt möglichst rasch aufgelöst werden. Das funktioniert in der Praxis am besten, wenn Sie das Hinlegen zuerst nur auf sehr kurze Distanz trainieren. Unter diesen Bedingungen können Sie Ihren Hund jederzeit bitten, sich hinzulegen, wenn er weglaufen will. Sobald er sich zu Ihnen umdreht, machen Sie im Sinne einer negativen Bewegung einen Schritt auf ihn zu und geben ihm mit einem Störlaut zu verstehen, dass er die falsche Lösung gewählt hat. Hat er es schließlich gelernt, den geforderten Abstand einzuhalten, folgt das freundliche und leise Signal zum Hinlegen.

• Wie bei allen Übungen führt sprachlich korrektes Arbeiten schnell zum Ziel. Wichtig ist auch die Körpersprache. Mit Bewegungen, die den eigentlichen Übungsschritten widersprechen, führt man den Hund nur zu schnell in die Irre. Nach und nach wird die Distanz zwischen Ablegepunkt und Mensch vergrößert, und schließlich kann man auch einen Platz im toten Winkel hinter dem Ausbilder wählen. Die Lektion kann mit Hunden ab dem 5. Lebensmonat trainiert werden.

8 Die Schleppleine

Die Schleppleine ist der allererste Schritt in die Freiheit. An ihr kann der Knirps auf vier Pfoten bereits ein wenig große Welt schnuppern.

• Das Ziel der Lektion ist klar definiert: Der Hund soll sich im Fünf-Meter-Radius der Schleppleine so frei und ungezwungen bewegen, dass er die Leine gar nicht spürt, und er soll dabei jederzeit leicht und leise abrufbar sein. Die Leine wird vom Trainer höchstens am Anfang festgehalten, wenn der Ablauf noch ungewohnt ist, ansonsten schleift sie über den Boden. Um Kritik zu üben, tritt der Mensch einfach auf die Leine und fixiert so den jungen Hund.

• Das Training an der Schleppleine wie das an der normalen Leine (→ Lektion 3, Seite 146) dient ausschließlich dazu, den Hund zu sichern und die Kommunikation zwischen Mensch und Tier zu fördern. Auf die Leine sollten Sie also erst verzichten, wenn dieses Ziel erreicht ist und Ihr Hund sich gut steuern lässt. Aber auch nach erfolgreicher Ausbildung muss die Leinenführigkeit regelmäßig kontrolliert werden. Dauer der Lektion vier Wochen, ab 5. Lebensmonat.

9 Freier Anschluss und Freilauf

Der freie Anschluss des Hundes ist das große Ziel der HarmoniLogie. Es ist sicher beeindruckend, wenn der Hund eine Vielzahl unterschiedlicher Lektionen und vielleicht sogar einige Kunststücke (→ Lektionen 19 und 20, Seite 172 ff) beherrscht, doch die Leichtigkeit und Zwanglosigkeit des freien Anschlusses ist das, was Mensch und Hund zum Traumteam macht. Angeschlossen ist ein Hund, der dem Menschen aus freien Stücken folgt, aufmerksam seine Reaktionen und Bewegungen registriert und sich nicht über eine bestimmte Distanz hinaus von ihm entfernt.

• Erst ein freier Anschluss ermöglicht den Freilauf, und der Freilauf wiederum stärkt den freien Anschluss. Wenn sich der Hund seine Freiheit im Verlauf der Trainingseinheiten getreu dem Motto »Freiheit durch Gehorsam« erarbeitet hat, dann ist der Anschluss nichts anderes als das folgerichtige Ergebnis dieser

Ausbildung. Der freie Anschluss symbolisiert einen entscheidenden Moment in der Partnerschaft: Ab jetzt gehört der Hund zum Menschen, er ist nicht länger nur ein Besitz.

- Wie lange es dauert, bis ein Hund in jeder erdenklichen Situation beim Menschen bleibt, hängt sowohl von seinem Wesen und der Rasse, aber auch von der Persönlichkeit und den Führungsqualitäten des Menschen ab. Manche Hunde bringen offenbar die Bereitschaft mit auf die Welt, immer und überall in der Nähe ihres Menschen zu bleiben. Aber es gibt auch die anderen, bei denen es ewig dauert, bis das Band des Vertrauens fest geknüpft und belastbar ist, und natürlich die unzähligen Übergangsformen dazwischen.
- Man kann es sich wie einen Lichtkegel vorstellen, in dessen Mittelpunkt der Mensch steht und der immer mit ihm mitwandert. Verlässt der Hund den hellen Bereich, ertönt sofort ein Störsignal. Ihm folgt als ziehende Hilfe der Ruf seines Namens, um ihn zurück in Richtung des Menschen zu lotsen. Diese ziehende Hilfe führt zur Kontaktaufnahme der Gesprächspartner. Stellt der Vierbeiner diese Verbindung her und wendet sich dem Menschen im hellen Kreis zu, ist alles in Ordnung. Jetzt folgt nur noch das Kommando »Komm mit«, und die beiden können ihren Weg entspannt und fröhlich fortsetzen.
- Den Radius des Lichtkegels kann man individuell festlegen. Generell sollte ein Hund sich aber nicht weiter als zwölf Meter vom Menschen entfernen, weil bei größerer Distanz oft kein Blickkontakt mehr besteht. Auf unübersichtlichem Terrain können daher auch schon vier oder fünf Meter die Obergrenze sein. Innerhalb dieser Zone darf sich der Hund frei bewegen, er muss auf keinen Fall bei Fuß gehen. Das Training an der Schleppleine (→ Lektion 8, Seite 157) ist die ideale Vorbereitung, weil man seinem Hund hier fünf, bei Bedarf aber auch sieben oder zehn Meter Bewegungsraum genehmigen kann und ihn trotzdem unter Kontrolle hat. Der Übergang von der Schleppleine zum

Der freie Anschluss des Hundes und ein festes Band des Vertrauens zu seinem Halter sind das große Ziel. Jetzt gehört der Hund zum Menschen und ist nicht nur ein bloßer Besitz.

Freilauf vollzieht sich schrittweise, wobei man zwischenzeitlich immer wieder auch einmal einen Schritt zurückgehen sollte. Kommt der angeleinte Hund von sich aus gern zum Menschen zurück, macht er ihm Komplimente (→ Seite 149) und fragt nicht ständig nach, wie lange er noch an der Strippe bleiben muss, dann kann man die Leine in entspannten und kontrollierbaren Situationen lösen und den freien Anschluss testen.

- Der frei laufende Hund folgt seinem Menschen angeschlossen und lässt sich sowohl während des Unterrichts wie in Pausen fein steuern (→ Lektion 6, Seite 153). Er hält auf Wunsch an jeder Stelle an und kann dort wieder abgerufen werden. Dauer der Lektion ca. vier Wochen, ab 6. Lebensmonat.

10 Ablegen und Liegenbleiben

Wenn Sie in ein Restaurant gehen, und Ihr Hund legt sich ohne weitere Diskussion unter den Tisch oder neben Ihren Stuhl und bleibt dort so lange liegen, bis Sie das Restaurant verlassen, können Sie sich der Anerkennung und Bewunderung der anderen Gäste sicher sein. Man muss aber gar nicht erst unterwegs sein: Auch zu Hause ist ein Hund, der sich so angenehm und unauffällig verhält, ein Quell der Freude, zum Beispiel, wenn Besuch kommt oder man zu beschäftigt ist, um sich um den Vierbeiner zu kümmern.

- Fürs Training des Ablegens und Liegenbleibens benutzt man anfangs ausschließlich den vertrauten Korb des Hundes, also den Platz, an den er sich gerne und von alleine zurückzieht. Beim Welpen ist es das Körbchen, zu dem er regelmäßig verfrachtet wird. Jedes Mal, wenn der Hund zum Korb geht (beziehungsweise der Welpe ins Körbchen gebracht wird), verknüpft man die Aktion zeitgleich mit einem Lautsignal, zum Beispiel »Auf deinen Platz«. Nach einigen Wiederholungen erkennt der Hund den Zusammenhang zwischen Signal und Liegeplatz. Jetzt können Sie ihn direkt mit dem Kommando auffordern, ohne dass er sich zu diesem Zeitpunkt schon auf dem Weg zu seinem Platz befindet. Den Namen des Hundes darf man während der Übung nicht rufen, weil der den Schüler zum Herkommen auffordern und zwangsläufig vom Zielpunkt abbringen würde. Wenn er der Anweisung nicht folgt oder zu Ihnen hinläuft, sollten Sie sich frontal vor ihm aufbauen und ihn mit einem klaren »Na« oder »Hey«, also einer schiebenden Einwirkung, abweisen. Anerkennung und Lob gibt es erst, wenn er am Platz angekommen ist. Im zweiten Teil der Lektion entfällt der Hundekorb, und als Zielpunkt dient nun allein die Schlafdecke, die vorerst noch am

WO IST MEIN »CHEF«? TIPP

Den freien Anschluss können Sie sehr gut beim Waldspaziergang trainieren, indem Sie sich in einem unbeobachteten Moment hinter einem Baum verstecken. Ihr Hund sieht sich urplötzlich allein gelassen und wird sofort nach Ihnen suchen. Hat er dann seinen »Chef« wiedergefunden, gibt es ein kleines Wiedersehensfest. Ihr Hund verinnerlicht schnell, dass er Sie nicht aus den Augen lassen darf.

Der angeschlossene und aufmerksame Hund geht unmittelbar neben dem Bein bei Fuß. Anfangs helfen Leine und Handzeichen auf dem Oberschenkel.

Je reibungsloser der Ablauf klappt, desto seltener müssen Sie die Leine einsetzen und können oft schon bald ohne sie auskommen.

- Lässt sich der Hund zurückfallen, wird er ebenfalls mit der Leine blockiert. In diesem Fall dürfen Sie aber nicht negativ und bremsend auf ihn einwirken, sondern positiv und ziehend, wie ich es im Kapitel 5 unter »Ziehende und schiebende Hilfen« (→ Seite 109) beschrieben habe. Die Leine begrenzt zwar, gleichzeitig aber wird der Hund beim Namen gerufen, damit er sich auf den Weg nach vorne in die gewünschte Position macht.
- Ein Hund, der sich gerne zurückfallen lässt, sollte jeweils nur für kurze Zeit bei Fuß gehen und dann direkt in eine Pause nach vorne entlassen werden. Bei meinen Hunden verknüpfe ich auf diese Weise die anspruchsvolle und sehr viel Konzentration erfordernde Lektion mit einer nach vorne gerichteten Bewegung. Im Hundehirn wird so gleichsam ein Link für die Vorwärtstendenz gespeichert.

12 Anschließen, Wenden und Ausweichen

Diese Lektion setzt voraus, dass der Hund bei Fuß gehen kann. Einen Hund auch ohne Leine in definierter Position an seiner Seite zu haben, erleichtert das Leben erheblich. Darüber hinaus wird es bei vielen Prüfungen, die man mit dem Hund ablegen kann, vorausgesetzt.

- Die Grundzüge des Anschließens und Ausweichens habe ich aus meiner Arbeit mit Hengsten übernommen. Bei einem Tier, das deutlich mehr als 500 Kilo Gewicht auf die Waage bringt und manchmal ziemlichen Blödsinn im Kopf hat, ist der kontrollierte Umgang einfach lebenswichtig. Die Pferde erhalten speziell in puncto Leinenführigkeit eine sorgfältige Ausbildung. Wenn ich ein Pferd oder einen Hund führe, verläuft nun mein Weg nicht immer geradeaus, sondern ich muss regelmäßig auch Wendungen einbauen. Mit einem leinenführigen und am Strick beziehungsweise der Leine befestigten Schüler lassen sich diese Wendungen relativ einfach initiieren und durchführen. Schwieriger sind dann schon Wendungen gegen das Tier. Ich beobachte leider sehr oft, dass dabei der Kopf des Pferdes oder des Hundes herumgerissen wird und der Mensch dann um das Tier herumgeht.
- Die HarmoniLogie schult Anschließen und Ausweichen so, dass Wendungen in jeder Richtung flüssig und wie von selbst ablaufen. Auf die Frage »Wer bewegt wen?« gibt es nur eine Antwort: der Mensch das Tier. Grundsätzlich bleiben die Füße des Trainers immer am gleichen Punkt. Er dreht sich nur um seine Körperachse und in die Richtung, in die der Hund gehen soll. Dreht er sich zu seinem Schüler hin, muss der Vierbeiner rückwärts

und zur Seite ausweichen, darf dabei aber – und das ist wichtig – seine Bei-Fuß-Position nicht verlassen. Dreht sich der Trainer in die Gegenrichtung, also vom Hund weg, muss der einen längeren Weg zurücklegen, um sich danach sofort wieder neben dem Menschen zu positionieren.

- Auch bei den Pferden kann ich durch diese Übungen jederzeit die volle Aufmerksamkeit der großen Kerle auf mich lenken. Mit der Lektion lassen sich Richtungswechsel mit spielerischer Leichtigkeit erreichen und ohne das Tier zu berühren. Sie charakterisiert damit besonders gut einen der zentralen Leitsätze der HarmoniLogie: »Don't touch!« Nicht die Kraft und Gewalt bestimmen das harmonische Miteinander, sondern Achtsamkeit, Präsenz und Angeschlossenheit.
- Das Ausweichen ist eine rückwärtsgerichtete Bewegung und damit zugleich ein Grundelement der Zirkuslektionen (→ siehe Seite 171 ff), die eine solche Bewegung beinhalten. Geschult wird das Ausweichen mit dem angeleinten Hund aus der Bei-Fuß-Position. Voraussetzung ist, dass der Hund gut kontrollierbar bei Fuß bleibt. Jetzt dreht sich sein Trainer einen Achtelbogen um die eigene Achse. Das führt dazu, dass die Leine den Hund hemmt und er dieser Spannung ausweichen möchte. Zeigt er nun auch nur die leiseste Tendenz, sich rückwärts und zur Seite zu bewegen, wird er überschwenglich gelobt. Der Ablauf wird mehrfach wiederholt. Dabei lockert der Trainer jedes Mal die Leine und geht geradeaus, wenn sein Schüler die gewünschte Bewegung macht. Das ist meist schon nach wenigen Wiederholungen der Fall, und die Ausweichbewegung etabliert sich als Lösung der Wahl. Im nächsten Schritt arbeitet man mit einer Körperdrehung von einem Viertelbogen, um schließlich, wenn bis zu diesem Punkt alles leicht und locker läuft, einen vollen Kreis zu beschreiben, also ganze Wendungen zu trainieren. Als Signal dient bei allen Übungsteilen allein das Kommando »Bei Fuß«, das den vierbeinigen Kollegen auffordert, mit der Schulter am Knie des Menschen zu bleiben – unabhängig davon, ob es vorwärts oder rückwärts geht.
- Nach und nach verliert die Hilfestellung der Leine an Bedeutung, sie wird dann nur noch locker gehalten und kann schließlich ganz entfallen. Ich erlebe es immer wieder, welch großen Spaß es meinen Hunden bereitet, den Drehungen ihres Menschen exakt und unvermittelt zu folgen. Und dass mir diese Harmonie selbst viel Vergnügen macht, muss ich sicher nicht erst betonen.

Auch ohne Leine soll die Übung so aussehen wie im Foto links. Hier steuern nur Stimme und Hand.

13 Apportieren: Aufnehmen

Viele Hunde langweilen sich. Ihre Besitzer versuchen sie mit Fun-Sportarten und den unterschiedlichsten Freizeitaufgaben zu beschäftigen und bei Laune zu halten. Solche Probleme kennt die HarmoniLogie nicht. Ein Hund, der einen guten Anschluss erlernt hat, passt den ganzen Tag auf seinen Menschen auf. Bei jedem Spaziergang kann man kleine Lektionen ein-

TIPP – VOR DEM HOLEN KOMMT DAS NEHMEN

Viele Halter beginnen irgendwann und ziemlich unbedarft, den Ball zu werfen, und hoffen, dass ihr Hund ihn zurückbringt. Doch auch das Apportieren sollte richtig aufgebaut werden, wenn man es später vielseitig einsetzen will. In der HarmoniLogie beginnen wir zuerst mit dem Nehmen verschiedener Objekte, anfangs aus der Hand, später vom Boden. So lernt der Hund »Nimm« und »Hol« zu unterscheiden.

bauen, darüber hinaus lernen HarmoniLogie-Hunde aufgrund ihres ausgeprägten »Will to please« eine Menge nützlicher Dinge. Wie zum Beispiel das Apportieren.

- Apportieren ist ein umfangreiches und vielschichtiges Thema, das sich nur schwer in einem einzelnen Kapitel darstellen lässt. Die folgenden sechs Lektionen sollen daher in erster Linie beispielhaft den Ansatz und die Vorgehensweise verdeutlichen, mit denen die HarmoniLogie diesen Komplex behandelt.
- Natürlich gibt es bei Hunden sowohl rassebedingte wie individuelle Unterschiede: Den einen fällt das Apportieren von Haus aus leicht, die anderen tun sich schwer damit, etwas ins Maul zu nehmen, geregelt zu transportieren und abzuliefern. Zunächst ist es einmal wichtig, dass Apportieren nicht über den Beutetrieb aufgebaut wird. Der Hund soll es als einen Handlungsablauf begreifen und erlernen, der abrufbar ist und vom Trainer punktgenau gesteuert werden kann, ähnlich wie das Hinlegen oder Herkommen. Der Beweglichkeit des Hundemauls kommt in der Ausbildung große Bedeutung zu. Ziel ist der Hund, der alles aufnimmt, was transportabel ist, und zu seinem Menschen oder auf Anweisung einer anderen Person bringt. Er darf den Gegenstand weder als Kauknochen missbrauchen noch als Spielzeug betrachten.
- Der sorgfältig geschulte Hund holt Objekte allein auf Blickkontakt (Fokussiertes Apportieren, → Lektion 17, Seite 169) und bringt sie leise und direkt zum Adressaten. Er apportiert über jede gewünschte Distanz und aus jeder für ihn erreichbaren Höhe und reicht sie dem Menschen an. Der geübte Hund öffnet bei Bedarf Taschen und Kartons, zieht das Apportierobjekt aus Jacken- und Hosentaschen und sucht nach verlorenen Gegenständen (→ Lektion 18, Seite 170).
- Die meisten Hunde beherrschen die Lektion nach erstaunlich kurzer Zeit. Dabei beginnt alles mit einem angeborenen Reflex. Zuerst nehmen beide, Trainer und Hund, die richtige Übungsposition ein: Der Trainer kniet vor dem angeleinten Hund. Die Leine ist gesichert und liegt unter dem Knie des Ausbilders. Ob der Hund sitzt oder steht, spielt keine Rolle, er muss nur auf diesem Platz bleiben und sich auf den Menschen konzentrieren. Mit dem Signal »Nimm« hält

der Trainer seinem Schüler einen Gegenstand vors Maul. Bei den ersten Versuchen wird der Hund das Kommando kaum oder gar nicht befolgen. Jetzt könnte man sein Maul öffnen, um ihm das Objekt direkt zu überreichen. Aber das wäre eine Handgreiflichkeit, die erstens nicht zum erwünschten Lernerfolg führt und zweitens der Methode der HarmoniLogie widerspricht. Der Anspruch an den Lehrer besteht darin, den Hund so weit zu bringen, dass er den Gegenstand freiwillig nimmt.

- Hier kommt der erwähnte Reflex ins Spiel: Durch Anfassen eines Vorderbeins kann man beim Hund eine reflexartige Schnappbewegung auslösen. Dieser Automatismus gehört in den Funktionskreis der Nahrungsaufnahme und spielt beim Zerkleinern der Beute eine wichtige Rolle. Der Trainer hebt die Pfote an und streckt das Bein. In der Regel reicht schon ein ganz leichtes Strecken, und der Hund schnappt mit der Schnauze. In diesem Moment hält ihm der Trainer mit der freien Hand einen kleinen, weichen Gegenstand so vor die Nase, dass er ihn bei der Reflexbewegung fast automatisch zu fassen bekommt. Gleichzeitig gibt der Ausbilder die Pfote wieder frei. Der Ablauf wird zwei- bis dreimal wiederholt, in der Folge aber warnt der Trainer den Schüler vor dem Anfassen der Pfote mit einem leisen »Na« als Störsignal an.

APPORTIEREN LEICHT GEMACHT

1 Gegen Langeweile im Hundealltag helfen Übungen wie das Apportieren, das Sie als Halter äußerst vielseitig gestalten können. Hier bringt der Border Collie eine Gerte. Ziel der Apportierlektionen ist ein Hund, der auf Anweisung alles aufnimmt und transportiert, ohne dabei das Objekt zu zerkauen oder als Spielzeug zu betrachen.

2 Auf jedes Herbringen eines Objekts folgt ein großes Lob, das den Hund positiv bestätigt. Um seine Konzentration nicht allzu sehr zu strapazieren, reichen anfangs kleine Erfolge, die Sie immer positiv beenden sollten. Benutzen Sie später die unterschiedlichsten Gegenstände, die Ihr Vierbeiner tragen kann. Das sorgt für eine reizvolle Abwechslung.

Sein vierbeiniger Schulungspartner lernt sehr schnell, dass er der Warnung und der damit verbundenen Pfotenberührung aus dem Weg gehen kann, wenn er das Objekt nimmt.

- Einige Hunde muss man während dieser Übung anbinden, die meisten aber sind freiwillig bei der Sache. Natürlich gibt es auch Vierbeiner, die ohne Nachhilfe jeden Gegenstand aufnehmen. Zu Beginn der Lektion sollten Sie kleinere und weiche Objekte verwenden, Socken zum Beispiel, Handschuhe oder Stofftiere als Schlüsselanhänger. Echtes Hundespielzeug hingegen eignet sich weniger, da Apportieren ja für den Hausgebrauch gedacht ist und die Schüler nicht zu Spielzeug-Junkies machen soll. Schlüsselanhänger haben für die weitere Ausbildung des sozialen Diensthundes eine wichtige Bedeutung, da er mit ihrer Hilfe lernt, wie sich unter anderem Türen und Schubladen öffnen lassen.
- Die enge Kommunikation zwischen Trainer und Hund ist bei dieser Lektion besonders wertvoll. Mit »Ja« und »Na«, einer leisen Störung und sachten Berührungen wird der Hund auf seinem Weg zur Lösung unterstützt und dazu gebracht, das Objekt aufzunehmen. Entscheidend ist letztlich auch hier, dass diese Aktion vom Hund so stark verinnerlicht wird, als hätte er sie sich selbst ausgedacht. In diesem Fall gilt: Nehmen ist seliger als Geben.
- Fangen Sie schon früh an, die Gegenstände auszutauschen, damit sich der Hund nicht nur an weichen Stoff, sondern auch an Leder, Holz, Plastik und schließlich sogar an Metall und Porzellan gewöhnt. Klappt das Aufnehmen sicher, dann sollten Sie die Höhe des angebotenen Objekts variieren. Bisher passierte das vorwiegend in Kopfhöhe des Hundes, jetzt hält man die Hand mit dem Gegenstand entweder hoch über seinen Kopf oder bei der nächsten Übung nur wenige Zentimeter über den Boden. Zum Schluss legt man das Objekt dann einfach direkt auf die Erde und fordert den Hund mit »Nimm« auf, es aufzunehmen.

Eine positive Stimmung während der Lektion motiviert den Hund. Er richtet seine Aufmerksamkeit so noch stärker auf den Halter. Beide sind mit sichtlichem Vergnügen bei der Sache.

14 Apportieren: Holen und Bringen

Nun folgt der nächste Schritt beim Apportieren: Der Hund soll den aufgenommenen Gegenstand herbeibringen. Auch hier zahlt sich die Politik der kleinen Schritte (→ Seite 130) aus. Es geht nicht darum, dass der Hund große Distanzen überwindet, sondern, dass er sich in Bewegung setzt. Vielen Hunden geht es da wie Männern: Sie können nicht zwei Dinge gleichzeitig tun. Und müssen daher besonders geschult werden.

- Der Trainer kniet jetzt nicht mehr vor dem Hund, sondern hält ihm das Objekt im Stehen hin. Die Hand, die eben noch den Gegenstand überreicht hat, stützt jetzt das Kinn des Hundes, während die andere sein Halsband berührt. Der Ausbilder ruft den Hund beim Namen zu sich, auch wenn der nur eine knappe Armlänge von ihm entfernt steht. Entscheidend ist, dass er den Platz verlässt und den Gegenstand zum Trainer bringt.
- Erst wenn dieser Übungsschritt sicher sitzt, kann man das »Wie« formen. Das Lautsignal »Komm« eignet sich dafür nicht, da der Schüler dieses Kommando bereits mit einem bestimmten Handlungsablauf assoziiert (→ Lektion 4, Seite 151) und es folglich keinen Spielraum für andere Kombinationen lässt. Als Taktgeber und ziehende Hilfe reicht der Name des Hundes jedoch völlig aus.
- Sobald der Hund das Apportierobjekt sicher aufnimmt und sich auf den direkten Weg zu seinem Auftraggeber macht, verstärkt der Trainer diese Aktion, indem er exakt in diesem Moment das Kommando »Holen« zusammen mit dem Namen des Hundes gibt, also zum Beispiel »Max, holen«. Der Vierbeiner realisiert die Verknüpfung sehr schnell und speichert das Holen und Bringen unter diesem Signal als feste Handlung ab.

15 Apportieren: Abgeben

Mit dem Kommando »Danke« wird der Hund dazu animiert, den apportierten Gegenstand abzuliefern. Der Trainer gibt das Signal in dem Moment, wo ihm sein Schüler das Objekt hinhält.

- Fälschlicherweise wird in dieser Situation häufig ein »Aus« benutzt. Das sollte aber für Fälle reserviert werden, wo der Hund etwas ausspucken soll, was er nicht fressen darf. »Aus« veranlasst den Hund nicht zu einer kontrollierten Reaktion, wie sie für diese Lektion notwendig ist.
- Arbeitet der Schüler gut mit, kann man das Objekt einige Male werfen, um den Reiz der Bewegung für die Übung zu nutzen und den Schüler zusätzlich zu motivieren. Dadurch erarbeitet sich der Hund den Beutereiz selbstständig. Die Lektion darf jedoch nicht darauf abgestellt sein, dass der vierbeinige Kollege ständig auf den Beutefang spekuliert.

RICHTIG »DANKE« SAGEN — TIPP

Wenn das Aufnehmen eines Gegenstandes gut geschult wurde, kann der Hund diesen herbeiholen und zum Trainer oder an einen vorbestimmten Ort bringen. Ein freundliches »Danke« ist dann das Signal fürs kontrollierte Abgeben. Die HarmoniLogie empfiehlt diesen Begriff statt des üblichen »Aus« (→ Lektion 15, oben). So ist »Danke« nicht nur ein Signal, sondern auch eine Einstellung.

16 Apportieren: Ziehen

War die Schulung für das »Aufnehmen«, »Holen und Bringen« und »Abgeben« (→ Lektionen 13–15, Seite 164–167) erfolgreich und die Übungen sind reproduzierbar, dann folgt mit dem Ziehen der nächste Ausbildungsschritt im Funktionskreis Apportieren. Auch Ziehen gehört noch zu den Basislektionen. Der Hund soll Jacken, Taschen, Türen oder Schubladen öffnen und einen Gegenstand herausziehen. Mit dieser Übung wird gleichzeitig auch das Aufnehmen nochmals gefestigt.

- Ein ideales Werkzeug sind verknotete Socken. Wenn der Hund den Socken gepackt hat, lässt der Trainer nicht sofort los, sondern leistet einen geringen Widerstand. Hält der Hund diesem Druck mit gleicher Stärke stand, gibt der Trainer das Objekt frei und lobt den Hund für seinen »Sieg«. Die Aktion wird von einem aufmunternden »Ziehen« begleitet. Fast alle Hunde finden großen Gefallen am Ziehen und entwickeln eine enorme Willenskraft. Vom Trainer sind gutes Timing und viel Fingerspitzengefühl gefragt, um den erwünschten Ablauf zu kontrollieren.

APPORTIEREN UNTERSCHIEDLICHER OBJEKTE

1 Je intensiver der Halter seinen Vierbeiner schult, desto stärker wird beim Hund der »Will to please« (→ Seite 172 u. 183), der Wunsch zu gefallen. Dann bringt ein kleiner Racker wie dieser Border Terrier auch schon einmal gefährlich erscheinende Objekte herbei – wie diese Motorsäge aus der Spielzeugabteilung.

2 Auch unhandliche Dinge kann ein solch bezaubernder Zwerg herbeischleppen, und das Apportieren wird zur zirkusreifen Vorstellung. Das Training mit verschiedenen Gegenständen kann beim Apportieren aber auch einen ernsten Hintergrund haben: Soziale Diensthunde lernen so, für behinderte oder alte Menschen auf Kommando nützliche Dinge herbeizuschaffen.

3 Jede erfolgreich aufgebaute Lektion wird mit großem Lob bestätigt und endet in Harmonie. Davon will nicht nur dieser Terrier immer mehr.

• Wenn das Kommando »Ziehen« etabliert ist, kann der Ausbilder unterschiedliche Lektionen und Übungsteile verbinden. Dazu wird zum Beispiel ein Schlüsselanhänger am Reißverschluss einer Jacke befestigt. Der Trainer geht in die Hocke, zeigt dem Schüler den Anhänger und fordert ihn mit »Nimm« und dem direkt anschließenden »Ziehen« zur Aktion auf. Sobald der Hund den Anhänger festhält, steht der Trainer ganz langsam auf, und der Reißverschluss öffnet sich quasi von selbst. Ist die Jacke offen, folgt ein anerkennendes »Danke« für die perfekte Arbeit. Ähnlich funktioniert die Übung mit dem Ärmel der Jacke – und schon ist der Vierbeiner in der Lage, seinem Menschen aus Jacke, Sakko oder Mantel zu helfen. Der Applaus der Zuschauer ist beiden sicher. Einen Riesenspaß macht es obendrein, und für Menschen, die bei solchen Tätigkeiten auf Hilfe angewiesen sind, ist es sogar viel mehr.

17 Fokussiertes Apportieren

Wölfe jagen nahezu lautlos, die Rudelmitglieder verständigen sich hauptsächlich durch Blickkontakt. Auch viele Elemente der Koppelhundeausbildung basieren auf dem Fokus des Hundes gegenüber dem Vieh. Genauso arbeiten die Border Collies, die ich auf unserem Hof ausbilde und in der Schäferei einsetze. Die Suggestivkraft des Blicks ist auch dem Menschen vertraut. Jeder ist schon einmal fast automatisch und manchmal wie gebannt dem Blick anderer Menschen gefolgt – fast so, als ginge davon eine unwiderstehliche Kraft aus, der man sich nicht entziehen kann.

• Die Kraft des Blicks kann man nicht nur bei Hütehunden, sondern auch in der Ausbildung des Familienhundes gezielt einsetzen und nutzen. Die Methode des fokussierten Apportierens macht es überflüssig, jedem Apportierobjekt einen eigenen Begriff zuordnen zu müssen. Und man ist auch nicht mehr auf Handzeichen angewiesen, was zum Beispiel für Menschen, die im Rollstuhl sitzen und ihre Arme kaum oder gar nicht bewegen können, ein entscheidender Vorteil bei der Kommunikation mit ihrem als Diensthund ausgebildeten vierbeinigen Begleiter ist.

• Der Blick ist ein starker Signalgeber. Er muss allerdings geschult werden. Der Grundunterricht ist nicht kompliziert: Der Trainer legt zwei Gegenstände im Abstand von einigen Metern auf die Erde, positioniert sich in der Mitte der gedachten Linie zwischen den Objekten und wendet sich einem der Gegenstände zu. Der Hund ist an seiner Seite. Der Ausbilder berührt ihn am Halsband, fixiert den Gegenstand, gibt das Signal »Fokus« und wartet ab, bis der Hund das Objekt ebenfalls anschaut. Sobald der Vierbeiner zu erkennen gibt, dass er dorthinlaufen will, wird er losgelassen. Die weitere Abfolge entspricht den vorausgegangenen Apportierlektionen mit den Kommandos »Nimm«, »Hol« und dem höflichen »Danke« zum Schluss.

• Diese Punkte erleichtern die Arbeit und sichern den Übungserfolg: Die Objekte müssen sich in Form und Farbe gut vom Untergrund abheben, dürfen nicht verdeckt liegen und sollten dem Hund schon aus der Grundschule des Apportierens bekannt sein.

• Hat der Hund den Gegenstand gebracht, wendet sich sein Trainer dem zweiten Objekt zu. Auch jetzt hält er den Schüler am Halsband und vermeidet so etwaige unerwünschte Bewegungen. Die müssten sonst nämlich sofort kritisiert werden, und diese Kritik würde den Übungsablauf stören. Danach folgt erneut das Lautsignal »Fokus«.

• Läuft alles wie gewünscht, erweitert der Ausbilder das Programm mit einem dritten und vierten Objekt. Danach wird die Fokus-Arbeit an Gegenständen trainiert, die auf Stuhl, Tisch, Mauer oder einem anderen Punkt über dem Boden liegen, bis schließlich alle möglichen Ablegeplätze getestet wurden.

• Die Lektion schärft die Kritikfähigkeit des Hundes in besonderem Maße, verpflichtet den Trainer aber gleichzeitig auch zu einer sorgfältigen und der Situation angepassten Kritik. Je schwerer die Aufgabenstellung ist, desto häufiger muss der Hund kritisiert werden, weil er das falsche Objekt gewählt hat und doch bitte genauer auf den Blick des Menschen achten sollte.

• Dr. Watson, mein Labrador, war nach der Ausbildung in der Lage, die neben dem Kamm liegende Haarbürste zu holen. Lag er falsch, ließ er sich mit einem freundlichen und leisen, aber eindringlichen »Fokus« umdirigieren. Miss Marple, meine kleine Border-Terrier-Hündin, kann mit Kritik nicht so gut umgehen. Sie vergewissert sich daher vorher stets genau, wohin ich meinen Blick richte. Hat sie das Objekt geortet, springt sie mit allen vieren in die Luft, als wolle sie sagen, »Ich hab's!«, und spurtet gezielt los.

• Apportieren erweist sich mit allen seinen Varianten in jeder Lebenslage als nützlich. Und es ist bereichernd und faszinierend, mit solchen Hunden arbeiten zu dürfen.

18 Apportieren: »Verlorene« Objekte

Diese Lektion schließt sich dem fokussierten Apportieren an. Der »verlorene« Gegenstand sollte sich in Sichtweite befinden. Die Nasenarbeit, die Spurensuche also, wird zu diesem Zeitpunkt noch nicht ausgebaut.

• Die Nase ist das schärfste Sinnesorgan des Hundes, das Auge kann da nicht mithalten. Unbewegte Objekte zu finden, ist für den Bewegungsjäger eine großartige Leistung. Wenn die Nase vor dem Auge trainiert wird, entwickelt der Hund kaum einen akzeptablen Fokus, sondern versucht zu schummeln und vieles über den Geruchssinn zu regeln.

• Bevor die Nase zu ihrem Recht kommt, wird das »Frei verloren« trainiert. Übungsziel ist der Hund, der genau aufpasst, ob und wann sein Mensch etwas verliert, und alle zu Boden fallenden Gegenstände gleichsam automatisch aufnimmt. Mensch und Hund gehen spazieren, das Signal »Komm« sorgt dafür, dass der Vierbeiner in der Nähe bleibt. Nun fällt ein kleines Objekt direkt vor die Schnauze des Hundes, gleichzeitig sagt der Trainer »Nimm« und lässt sich den Gegenstand bringen. Beim Weitergehen wiederholt sich das Spiel in unregelmäßigen Abständen.

• Aufmerksamkeit und Konzentration des Schülers werden zusätzlich geschärft, wenn das Objekt auf der dem Hund abgewandten Seite zu Boden fällt. Sollte er das nicht registrieren, dann geht sein Trainer einfach einige Meter weiter, dreht sich um und gibt das Kommando »Fokus«. Mit der Zeit kann das Signal auf zunehmend größerer Entfernung eingesetzt werden. Man muss es eigentlich direkt vor Ort erleben, wie unglaublich aufmerksam ein Hund beobachtet, ob denn sein »vertrottelter« Mensch schon wieder etwas verloren hat – und wie begeistert und motiviert er bei der Sache ist. Gerne darf der Hund den Gegenstand dann einige Zeit selbst transportieren. Man kann den Spazierweg auch immer wieder mit Dingen präparieren, die man auf dem Rückweg von seinem Hund wiederfinden lässt. Es ist ein Riesenspaß für alle Beteiligten!

Zirkusreife Kunststücke

Viele Kunststücke, die ich den Pferden und Hunden beibringe, kommen aus der Zirkusschule. Sie werden oft als »Dog Dance« bezeichnet, aber da sie letztlich aus dem Zirkus stammen, nennen wir sie auch so.

- Der HarmoniLogie geht es bei diesen Lektionen um mehr als die Gymnastizierung von Geist und Körper, daher haben die Übungen mit Zirkus nichts mehr gemeinsam. Die Schulung, das Konzept und der Weg sind entscheidend, das Kunststück selbst ist eigentlich nur ein »Abfallprodukt«. Ob ein Hund im Slalom durch die Beine gehen kann, die Rolle oder den spanischen Schritt beherrscht, steht hier nicht im Vordergrund. Eigentlich können das sowieso alle, und zwar mit Eleganz und Leichtigkeit. Denn sämtliche Lektionen basieren auf natürlichen Bewegungsmustern.
- Das neue, bewusste Erlernen und Abrufen eines schon vorhandenen Bewegungsablaufs ist ein feiner Prozess, der stets mit einem intensiven Dialog verbunden ist. Beispiel: Hinlegen ist für Pferde ein normaler Vorgang. Sich aber auf Kommando hinzulegen, möglicherweise unter Anspannung oder extremen äußeren Einflüssen, ist etwas ganz anderes. Es setzt voraus, dass das Pferd die Bewegung verstanden hat und sie ausführt, obwohl sie seinem Urinstinkt, nämlich jederzeit fluchtbereit zu sein, entgegensteht. Ein spannendes Ziel, ein vielschichtiger Weg und ein faszinierendes Ergebnis.
- Die Lektionen, mit denen ich bei den Pferden Erfolg habe, benutze ich auch in der Arbeit mit meinen Hunden. So ist im Grunde jede Lektion auch ein kleines Kunststück – ob sich der Hund nun hinlegt, setzt, bei Fuß geht, einen Trick vorführt oder ein Objekt apportiert. Das Prinzip bleibt stets gleich. Der Weg ist das Ziel, und gerade in solchen Lektionen kann sich der Halter sehr intensiv mit seinem Hund beschäftigen, alle Ausdrucksformen seines Verhaltens kennenlernen und die Unterrichtsmethoden im gegenseitigen Dialog verfeinern.
- Bei der Arbeit mit den Pferden konnte ich auch den Kraftverzicht lernen. Alle unsere Pferde, vom knapp einen Meter großen Shetlandpony über die Andalusier und Lusitanos bis zu den schweren Kaltblütern, haben die Lektionen erfolgreich absolviert, und mit jedem war es ein wunderbares Erlebnis. Die Showtiere, die ich ausbilde, müssen extrem nervenstark und belastbar sein. Nicht selten konnte ich ihnen in stressigen Situationen mit einer solchen Übung Selbstsicherheit ver-

Apportieren ist nicht nur für Retriever eine Herausforderung, die zu Höchstleistungen anspornt.

mitteln. Mit einer Zirkuslektion entwickeln Pferde, die normalerweise keine Sekunde still stehen, das Stehen als eigene Idee aus der Pause zwischen der Piaffe und dem Kompliment. Unaufmerksame Hunde können über das Eindrehen und Anschließen ihre Sinne wieder sammeln. Nur zwei Beispiele dafür, wie diese Lektionen zur Entspannung und zum Anschluss führen – und damit letztlich also zur Harmonie.

- Je besser ich meine Tiere schule, desto harmoniesüchtiger werden sie. Der Wunsch zu gefallen (»Will to please«) ist stets das Ergebnis einer feinen und gezielten Arbeit. Die Disharmonie ist in der HarmoniLogie immer nur Mittel zum Zweck. Die beste Kritik ist die, auf die man verzichten kann, und nicht zufällig führt die HarmoniLogie die Harmonie schon im Namen. Die Gymnastizierung von Körper und Kopf ist lediglich ein Abschnitt auf diesem Weg, wie das auch für jeden anderen Aspekt des Zusammenlebens mit Tieren gilt. In diesem Sinne muss man auch die Zirkuslektionen sehen: als Stärkung des Bandes zwischen Mensch und Hund.
- Alle Lektionen der Zirkusschule werden nach derselben Methode gelehrt. Die Palette der verschiedenen Übungen ist derart groß und breit gefächert, dass dafür ein eigenes Buch nötig wäre. Hier muss ich mich zwangsläufig auf die Beschreibung von zwei Lektionen beschränken und kann nur einige weitere auflisten. Typische Zirkuslektionen sind: Slalom vorwärts und rückwärts, Back Round (der Hund dreht sich dabei rückwärts um den Menschen), Rolle in beide Richtungen, der Spanische Schritt, »Häschen machen«, Augen schließen, Steigen, »Nein sagen«, auf den Arm und durch die Arme springen, über die Beine oder Arme springen, Kriechen und das Rückwärtsgehen.

19 Zirkusreif: Slalom

Der Slalom stellt eine Grunddisziplin dar, die schon der junge Hund lernen kann. Die Übung fördert die Reife und belastet das Wachstum nicht. Voll konzentriert und hoch motiviert schlüpft der Hund bei jedem Schritt seines Ausbilders durch dessen Beine. Dabei biegt er sich sehr stark in der Mittelhand, um den Slalom beim nächsten Schritt möglichst schnell und auf kürzestem Weg fortsetzen zu können. Als Lautsignal setze ich ein einfaches »Durch« ein. Ein Hund, der den Slalom beherrscht, kann auf diese Weise sofort die Seite wechseln, wenn er bei Fuß geht.

- Die Lektion entwickelt eine besondere Eigendynamik und begeistert und motiviert speziell junge Hunde. Der Slalom-Schüler lernt nach kurzer Zeit, sehr genau auf die Bewegung des Trainers zu achten, und legt dabei auch die Scheu ab, in die Bewegung des Menschen hineinzugehen.
- Zu Beginn ist der Hund angeleint. Der Trainer hält ihn zum Beispiel auf seiner rechten Seite und stellt dann das linke Bein nach vorne. Nun führt er die Leine zwischen den Beinen hindurch und fühlt den Hund über die kurz gehaltene Leine auf der anderen Seite. Die rechte Hand nimmt die Leine vor dem Körper auf, damit der Trainer die linke Hand frei hat, um sie gleichsam als Führhand zu benutzen und den Hund optisch durch die Lücke zu lotsen. Die meisten Tiere registrieren sofort, dass die Leine gelockert wird, sobald sie der Führhand durch die Beine folgen. Hat der Hund die Passage geschafft und ist auf der anderen Seite angekommen, wird er ausgiebig gelobt. Zum Entspannen geht es jetzt erst einmal einige Schritte geradeaus, bevor der nächste Slalomversuch startet. Am besten gleich in Gegenrichtung.

• Trainiert wird der Slalom von beiden Seiten. Dabei merkt man schnell, ob und von welcher Seite der Hund sich schwertut und »schief geht«, und kann sanft gegensteuern.

• Wenn der Schüler den Bewegungsablauf und das Timing verinnerlicht hat, wird die Handlung mit einem Signal verknüpft. Auch hier sind schiebende und ziehende Hilfen (→ Seite 109) sinnvoll. Findet er den Weg nicht auf Anhieb, blockiert der Trainer den Rückweg mit der Hand und der kurzen Leine. Will der Hund nach hinten ausweichen, wird er von der Leine arretiert und gleichzeitig mit einem leisen »Na« verwarnt. Das hat er bereits bei den Übungen zur Leinenführigkeit (→ Lektion 3, Seite 146) gelernt und weiß, dass er jetzt eine Vorwärtsbewegung anbieten muss. Steckt er hingegen den Kopf durch die Beine des Menschen, bleibt dann aber stehen, wird er umgehend beim Namen gerufen und erhält so eine ziehende Hilfe, die ihn zum Weitergehen ermuntert.

• Wenn der Spaß im Training nicht zu kurz kommt und regelmäßig Pausen für Spiel und Sport eingelegt werden, ist Ihr Hund schon nach zwei bis drei Tagen Slalom-fit.

ZIRKUSREIF: DER SLALOM BEGEISTERT ALLE HUNDE

1 Angeschlossen und aufmerksam konzentriert sich der Hund auf seine Aufgabe. Der Slalom durch die Beine des Menschen ist eine beliebte zirkusreife Lektion, die Körper und Geist des Hundes gleichermaßen fordert und die man immer und überall einbauen und ausführen kann.

2 Der Hund schlüpft in Bewegungsrichtung seiner Trainerin durch ihre Beine. Mit etwas Übung beherrscht er das auch dann flüssig und störungsfrei, wenn der Mensch sich in normaler Geschwindigkeit vorwärtsbewegt.

3 Der Seitenwechsel beim Gehen bei Fuß lässt sich so beispielsweise auf eine fröhliche und »biegsame« Art und Weise einleiten. Den Slalom kann man dem Hund nicht nur in der Vorwärtsbewegung, sondern auch beim Rückwärtsgehen relativ rasch beibringen.

20 Zirkusreif: Rolle

Wenn der Hund sich über den Rücken abrollt, ist das häufig ein Zeichen dafür, dass er sich wohlfühlt. Das Verhalten dient aber auch der Entspannung, der Fellpflege oder zum »Einparfümieren«, wenn er sich in oft für menschliche Nasen nicht allzu wohlriechenden Substanzen wälzt.

- Die Lektion ruft diese natürliche Bewegung ab. Leckerli zur Motivation und als Belohnung sind nicht nötig. Hunde großer Rassen sollten die Übung nicht mit vollem Bauch machen, weil es – in seltenen Fällen – zur Magendrehung kommen kann.
- Die Rolle eignet sich sehr gut, um dem Hund das gesicherte Ablegen (→ Lektion 10, Seite 159) noch einmal zu erklären. Bei einem Hund, der irgendwann in seinem Leben zur Strafe auf den Rücken gedreht wurde, hilft die Übung, das Trauma zu überwinden und durch eine unbeschwerte Aktion zu ersetzen.
- Der Trainer geht in die Hocke und streicht das Gesicht des vor ihm liegenden Hundes warm und fest ab. Eine Hand hält den Hund dann am Halsband, um zu verhindern, dass er aufsteht. Die andere Hand liegt jetzt auf der rechten Gesichtshälfte des Schülers und drückt den Kopf langsam und sanft so weit nach hinten, bis er auf seine Flanke schaut. Der Kopf wird so lange in dieser Position gehalten, bis der Hund sie akzeptiert. Dann gibt der Trainer ihn frei, streicht das Gesicht aber weiterhin ab. Wiederholt werden sollte der Vorgang, bis der Hund ihn als völlig normal hinnimmt.
- Im nächsten Schritt hält der Trainer den Kopf in der hinteren Position und blockiert den Rückweg. Die andere Hand streicht vom Halsband hinunter zum rechten Vorderbein des Hundes. Durch die Hilfestellung am Bein wird der Hund zum Abrollen über seinen Rücken aktiviert, sodass er die Bewegung fast automatisch folgen lässt. Die Aktion ähnelt der sanften Unterrichtung eines Anfängers im Judokurs. Der Hund realisiert sehr schnell, dass es aus der Blockade des Kopfes nur den Ausweg gibt, den ihm sein Trainer gezeigt hat. Schon nach wenigen Übungen sucht er diese Lösung ganz von alleine. Sobald er sich auf die andere Seite gerollt hat, wird er beim Namen gerufen und so schnell auf die Füße gestellt (ziehende Hilfe). Großes Lob und entspanntes Herumtollen schließen sich an.
- Nach der HarmoniLogie erzogene Hunde sind bei dieser Lektion meist so entspannt, dass sie die Rolle schon nach zwei oder drei Versuchen als ihre eigene Idee betrachten. Tiere, die schlechte Erfahrungen mit der Rückenlage gemacht haben, leisten anfangs Widerstand. Den sollte man nicht durch Kraft brechen, sondern mit sanftem Gegenhalten überwinden. Der Vierbeiner erfährt auf diese Weise, dass es sich nicht um eine Entwürdigung, sondern nur eine Bewegung handelt. Eine positive Verstärkung durch ausgiebiges Loben ist hier besonders wichtig.
- Der eine Hund dreht sich besser im, der andere gegen den Uhrzeigersinn. Natürlich wird dann die schwierigere Seite intensiver trainiert. Das Begleitsignal kann man meist bald zurücknehmen. Oft reicht das Berühren des Fangs oder sogar nur das Andeuten einer Berührung, später ein Fingerzeig.
- Die Rolle sollte sich auf keinen Fall verselbstständigen. Der Hund darf sie zum Beispiel nicht machen, wenn er für einen Fehler beim Hinlegen kritisiert wurde. Ebenso sind schnelle Rollen tabu, bei denen er sich nicht entspannt abrollt, sondern blitzschnell über die Lendenwirbelsäule herumwirft. Auf Dauer können solche Aktionen die gesamte Wirbelsäule in Mitleidenschaft ziehen.

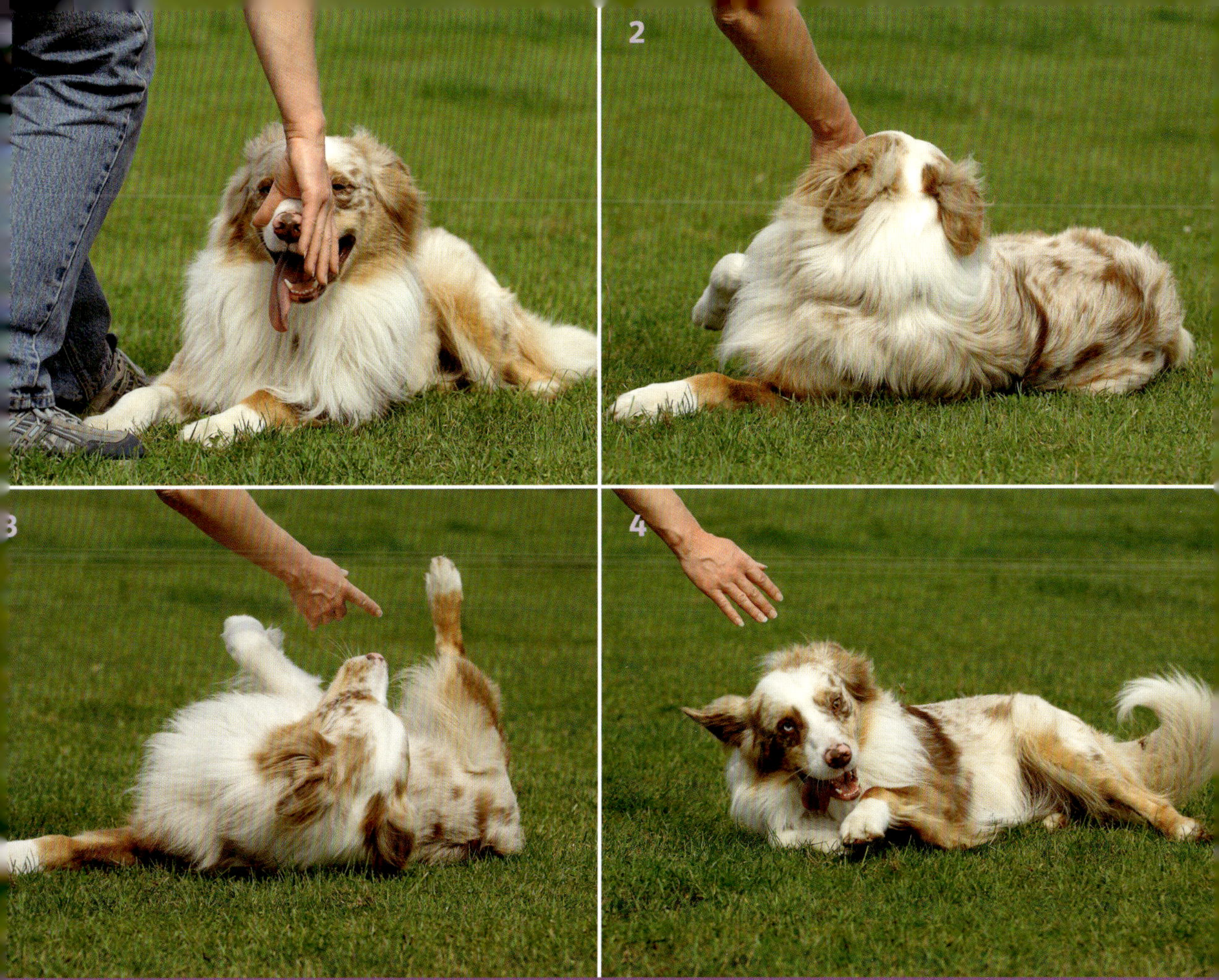

ZIRKUSREIF: EIN ROLLENSPIEL, DAS RIESENSPASS MACHT

1 Die Rolle links oder rechts macht beiden Teampartnern großen Spaß. Die Rolle ist eine Übung, die auf dem natürlichen Bewegungsrepertoire des Hundes basiert. Zunächst müssen Hinlegen und Liegenbleiben beherrscht werden. In entspannter Atmosphäre wird dann eine Hand über die Schnauze gelegt.

2 Der Kopf des Hundes sollte sich vom Trainer entspannt und ohne Kraftaufwand zur Seite bewegen lassen. Die Hand an der Schnauze des Hundes begrenzt dabei sacht die Rückbewegung des Kopfes. Mit der Stimme als ziehender Hilfe (→ Seite 109) findet der Hund sehr leicht die Lösung, sich über den Rücken auf die andere Seite zu rollen.

3 Nach einigen Versuchen wird die Rolle zur eigenen Idee des Hundes: Die Hand des Trainers bleibt dabei in der Nähe und bietet dem Schüler jederzeit die Anlehnung, die er braucht, um die Lösung zu finden.

4 Das Tempo der Rolle ist am Anfang nicht entscheidend. Zunächst ist es nur wichtig, dass der Hund sie überhaupt ausführt. Erst im zweiten Schritt werden die Geschwindigkeit erhöht und die Hilfen minimiert.

So läuft es mit schwierigen Hunden leichter

Häufig suchen Menschen bei mir Hilfe, die Probleme mit ihrem Hund haben, und ebenso häufig wird dabei der Hund als Problemhund dargestellt. Könnte ich die Tiere fragen, würden sie sicher beteuern, dass sie ein Problem mit ihren Menschen haben und deswegen vielleicht ebenso verzweifelt sind wie sie.

- Das Problem ist in den meisten Fällen der Zweibeiner am anderen Ende der Leine. Viele sogenannte Problemhunde bereiten ihren Besitzern Kopfzerbrechen wegen ihres unkontrollierbaren Jagdverhaltens. Die Halter erwarten dann von mir, dass ich dem Hund in ein bis zwei Stunden einen Schalter einsetze, auf den man nur kurz drücken muss, um den Jagdtrieb zu unterbinden.
- Alle nach der HarmoniLogie gearbeiteten Hunde würden liebend gerne jagen, doch der Anschluss an ihren Menschen scheint ihnen wichtiger zu sein. Man kann diese Bindung über die ausgeprägte Achtsamkeit und die Lenkbarkeit der Hunde sehr gut festigen. Ich radle fast täglich mit zehn Border Collies, einem Belgischen Schäferhund, zwei Terriern und einem Labrador durchs Moor, oder die Hunde begleiten mich beim Reiten im Wald. Wir sind im Wald zu Gast und benehmen uns auch so: Kein Hund entfernt sich mehr als zehn Meter von mir, keiner verlässt den Weg, und alle sind stets auf Empfang. Ich hätte mit dem Rudel keine Chance, wenn nicht jeder einzelne aus dieser Truppe einen festen und feinen Draht zu mir hätte. Das Antijagdtraining ist das Resultat eines gut geführten Dialogs mit dem Hund, der sich nicht in zwei Stunden per Schalter aktivieren lässt. Alle Zutaten finden Sie jedoch in diesem Buch.

Ein großes Herz ist wichtiger als alles Zubehör

Das Fachhandel-Sortiment für Hundeartikel lässt heute keine Wünsche mehr offen. Aber nicht alles, was dort angeboten wird, muss auch sinnvoll und nützlich sein. Umgekehrt findet man das, was für das Zusammenleben mit dem Hund wichtig ist, nicht im Laden. Ein großes Herz zum Beispiel, gesunden Menschenverstand und klare Vorstellungen von der Partnerschaft mit einem Vierbeiner. Als Schäferin bin ich auf den Hund selbst angewiesen, auf den Hund im Originalzustand gewissermaßen. Mit kompliziertem Zubehör ist mir bei meiner Arbeit nicht gedient. Daher ist die »Zutatenliste« für meine Hunde sehr überschaubar:

- ein breites Halsband, das sich gut und sicher befestigen lässt
- eine Leine von 1,5 m Länge und eine Schleppleine von 10 – 20 m
- Futter- und Wassernäpfe
- waschbare Decken
- Für den Welpen kann man sich eine Flugtransportkiste anschaffen, um den Hund im verschließbaren Körbchen vor dem Bett schneller zur Stubenreinheit anzuhalten.

Weit wichtiger als die waschbare Decke sind jedoch die Intensität der Bindung des Hundes an seinen Menschen, der regelmäßige Kontakt zu den Artgenossen und ein erfülltes und abwechslungsreiches Leben. Das kann man nicht kaufen, dafür muss man sich einsetzen. Aber Sie werden sehen, dass es sich lohnt.

Das Transportieren von Gegenständen zu anderen Personen rundet das gelungene Apportieren ab. Das »Bring zu« ist ein elementarer Bestandteil der Ausbildung des sozialen Diensthundes.

DIE AUTOREN

Anne Krüger

Mit Tieren zu kommunizieren, ist für Anne Krüger keine Zauberei. Die ausgebildete Tierwirtschaftsmeisterin ist Schäferin und Hundezüchterin und hält auf ihrem landwirtschaftlichen Betrieb 800 Schafe, ein Dutzend Border Collies und andere Hunde, Pferde, Ziegen, Gänse und Enten. Sie ist fünffache Deutsche Meisterin und Vizeeuropameisterin im Schafehüten. Ein Praktikum in der Landwirtschaft fing sie auf dem Weg zum Studium der Tiermedizin ab. Heute betreibt Anne Krüger gemeinsam mit ihrem Mann einen großen Bio-Bauernhof im niedersächsischen Melle, darüber hinaus eine gefragte Tierschule. Ihre erfolgreiche Arbeit war mehrfach Thema von TV-Reportagen, und sie demonstriert ihr Können regelmäßig auf internationalen Shows. »HarmoniLogie« nennt Anne Krüger ihren leichten und freundlichen Weg der Hundeerziehung, den sie seit vielen Jahren praktiziert und immer weiter perfektioniert.

Wilfried Große-Berg

Der Journalist und Kommunikationsexperte Wilfried Große-Berg betreibt in Köln eine Agentur für elektronische Medien und ist Dozent im Bereich Medienwirtschaft an der Rheinischen Fachhochschule Köln. In der Landwirtschaft mit vielen Tieren groß geworden, hat er bis zum Studium auf dem elterlichen Hof im Emsland mitgearbeitet. Als Hundebesitzer hat Wilfried Große-Berg den Zugang zur HarmoniLogie selbst erlebt, und er ist überzeugt davon, dass auch der Mensch viel von dieser Art des Miteinander lernen kann. Als Co-Autor hat Wilfried Große-Berg vor allem konzeptionell und organisatorisch an diesem Buch mitgewirkt.

Ein Wort zum Schluss

In meiner Laufbahn als Schäferin und Tiertrainerin bin ich vielen Menschen und ihren Tieren begegnet. Darunter waren auch eine ganze Reihe »schräger Vögel«, sowohl solche auf vier wie auf zwei Beinen.
Um Tiere zu schulen, ist es sicher von Vorteil, wenn man ein bisschen Talent und vielleicht auch ein Händchen für die Tiere mitbringt. Aber letztlich ist das gar nicht so wichtig. Denn die Tiere – und das sage ich aus Erfahrung und Überzeugung – machen uns immer wieder ein großes Geschenk: Sie erweisen sich nicht nur als endlos geduldig gegenüber dem Menschen, sondern sie bieten uns jeden Tag aufs Neue ihre Bereitschaft zur Kooperation an und geben uns die Chance, sie als Freunde zu gewinnen.
Es hat mich oft demütig gemacht, wenn ich miterleben musste, in welch schlechtem körperlichen und seelischen Zustand manche Tiere bei mir abgegeben wurden, Tiere, die ausgestoßen und abgeschoben wurden, Tiere, die niemand mehr haben wollte. Und trotzdem gingen diese armen Kreaturen offen und vertrauensvoll mit mir an den Start und haben fast immer die gesteckten Ziele erreicht und dabei oft ganz Erstaunliches geleistet. Diese Erfahrung bedeutet auch eine große Entlastung und Erleichterung. Sie nimmt dem Ausbilder den Druck, unbedingt immer alles richtig machen zu wollen oder zu müssen. Meine vierbeinigen Partner haben mir stets zu verstehen gegeben, dass ein Fehler überhaupt kein Beinbruch ist, sondern dass man ganz im Gegenteil jede Menge aus ihm lernen kann.
Aufgaben, die schieflaufen und zuerst einmal in eine Sackgasse führen; Lösungen und Ziele, die nur auf Umwegen erreicht werden; Tier-Mensch-Partnerschaften, die Zeit brauchen, um zusammenzuwachsen: All das gehört zum Alltag eines Tiertrainers. Manch einer muss härter arbeiten, um diese Ziele zu erreichen, anderen fällt es leichter. An dieser Stelle habe ich immer noch die Worte eines alten schottischen Schäfers im Ohr, der mir mit einem Schmunzeln erklärte: »It´s not how they start, it´s how they finish.« Ich weiß längst, dass er recht hatte.
Ich bin davon überzeugt, dass die Harmoni-Logie auch Ihnen helfen kann, den Weg zum unmittelbaren Dialog mit Ihrem Hund zu finden, den Weg zu einem beglückenden Miteinander.

Ihre

Anne Krüger

GLOSSAR

ABSTREICHEN

Durch das feine und sanfte Abstreichen des Gesichts eines Hundes von der Nase über die Augen bis hinter die Ohren und über den Rücken werden Reflexzonen und Nervenenden angeregt, die wiederum einen angenehmen Entspannungszustand herstellen.

AMPELPRINZIP

Jede Form von Disharmonie sollte beim Hund nach dem Ampelprinzip geregelt werden. Wenn die Ampel auf Grün steht, ist alles in Ordnung und im harmonischen Bereich. Gelb signalisiert eine Warnung: Vorsicht, du hast einen Fehler gemacht, heißt das für den Hund. Rot ist die Störphase. Der Hund wird in seiner Aufmerksamkeit aktiviert. Wichtig: Die Ampelschaltung erfolgt immer sehr schnell. Wendet sich der Hund nach einer Störung wieder dem Halter zu und macht ein Angebot, reagiert der sofort freundlich, schaltet die Ampel auf Grün und setzt erneut dort an, wo er in der Übung oder bei einer Aufgabe vorher aufgehört hat. Für die Wirkung des Ampelprinzips ist das richtige Timing entscheidend: Ein Ampelsignal macht nur dann Sinn, wenn es zur rechten Zeit gegeben wird.

ANGEBOTE MACHEN

Der Hund wendet sich seinem Besitzer zu, sucht den Blickkontakt und signalisiert auf diese Weise seine volle Aufmerksamkeit. Wichtig ist hier vor allem auch das Aufrechterhalten des Blickkontakts. Der Vierbeiner darf sich in keiner Situation ablenken lassen, die visuelle Verbindung zum Menschen muss für ihn wichtiger sein als jeder Außenreiz.

ANGESCHLOSSENHEIT

Ein angeschlossener Hund hat immer ein Ohr und ein Auge für seinen Halter. Er bemüht sich um den Menschen – und nicht umgekehrt (→ siehe auch WILL TO PLEASE, Seite 183). Er reagiert oft schon, wenn sein Besitzer eine Aufforderung nur andeutet.

ATTACKE

Sollte der Hund einmal bei Rot über die Ampel fahren (→ AMPELPRINZIP, links), macht der Trainer eine plötzliche Bewegung auf ihn zu, um ihn zum Beispiel zu erschrecken. Diese Attacke dient dem Ziel, dem Vierbeiner unmissverständlich zu signalisieren, dass er gerade eine Grenze überschritten hat und dies nicht noch einmal tun darf. Der Hund weicht zurück und unterbreitet dem Menschen im Normalfall das erwünschte Angebot. Daraufhin schaltet der die Ampel sofort wieder auf Grün und lädt den Schüler ein. Dieser Ablauf charakterisiert ein Grundprinzip der HarmoniLogie: Jede Auseinandersetzung mit dem Hund führt in die Harmonie.

BESCHWICHTIGEN

Ein Hund, der den Menschen beschwichtigen will, verhält sich nicht anders als wir, wenn wir uns für einen Fehler, ein Missgeschick oder eine Peinlichkeit entschuldigen wollen. Der Hund zeigt oft auch ein Beschwichtigungsverhalten, wenn er registriert, dass sein Besitzer ungehalten oder wütend ist, obwohl er die Ursache nicht kennt. Beschwichtigende Signale sind zum Beispiel geduckte Körperhaltung, Abwenden, hängende Rute, zurückgelegte Ohren und das Heben der Pfote.

BLICKKONTAKT

Der Blickkontakt zwischen Hund und Mensch ist die Voraussetzung für das gemeinsame Gespräch und Ausdruck der harmonischen Mensch-Tier-Beziehung. Erst nach Aufbau des Blickkontakts kann der Hund ein Angebot machen (→ linke Seite). Blickkontakt heißt gegenseitiger Augenkontakt – und nicht das Schielen auf den Leckerbissen in der Hand oder Tasche des Trainers. Der Blick sollte aufmerksam und freundlich und nicht streng oder gar bedrohlich sein, weder beim Menschen noch beim Hund.

DISHARMONIE

Die Disharmonie stellt eine Situation dar, die vom Hund als Störung empfunden wird. Reagiert er nicht auf die gelbe Ampel (→ AMPELPRINZIP, linke Seite), stört ihn sein Halter so lange, bis er wieder aufmerksam und gesprächsbereit (→ GESPRÄCHSBEREITSCHAFT, rechts) ist. Als Kontrapunkt zur Harmonie ist die Disharmonie ein zentraler Bestandteil der HarmoniLogie. Das intelligente Spiel mit Harmonie und Disharmonie bewirkt letztlich, dass es nur noch selten zu disharmonischen Situationen kommt – im Idealfall überhaupt nicht mehr.

EINLADUNG

Einladen heißt, dass der Hundehalter sein Tier auffordert, zu ihm zu kommen, vor ihm Sitz zu machen und Blickkontakt aufzunehmen. Dabei geht der Mensch rückwärts und signalisiert so seinem vierbeinigen Partner: »Ich mache dir Platz!« Wenn Herr und Hund die Einladung schon wiederholt erprobt haben, reicht dafür oft die Andeutung einer Rückwärtsbewegung, zum Beispiel das fast unmerkliche Neigen des Körpers nach hinten. Für den Hund ist rückwärts immer positiv und vorwärts negativ.

EINSTELLEN

Einstellen hat eine zentrale Bedeutung, da es darum geht, die Aufmerksamkeit des Hundes zu aktivieren. Ein eingestellter Hund sucht von sich aus weit häufiger den Kontakt zum Menschen als der nicht eingestellte Hund, der ihn nicht selten sogar völlig ignoriert. Das Einstellen ist die Grundvoraussetzung für die Erziehung und Ausbildung des Hundes.

GESPRÄCH

Die Kommunikation zwischen Mensch und Hund basiert auf dem Gespräch; die »Werkzeuge« dafür sind Mimik, Körper- und Lautsprache. Der eine hört zu, der andere spricht. Dabei ist es die Aufgabe des Menschen, den Gesprächsrahmen zu definieren, Anfang und Ende des Dialogs festzulegen und für einen klaren, für beide Seiten verständlichen Austausch von Informationen zu sorgen.

GESPRÄCHSBEREITSCHAFT

Ein Hund ist gesprächsbereit, wenn er den »Funkkontakt« zu seinem menschlichen Partner aufrechterhält und jederzeit auf Empfang ist. Die Signale der Gesprächsbereitschaft kann auch der Laie unschwer erkennen: der Blickkontakt, die auf den Menschen gerichteten Ohrmuscheln und die entspannt unterhalb der Rückenlinie gehaltene Rute.

GEWALT

Die HarmoniLogie kommt grundsätzlich ohne jede Gewalt im Sinne einer körperlichen Einwirkung auf den Hund aus. Gewalt hemmt die Gesprächsbereitschaft, beziehungsweise kann zum Abbruch eines bereits bestehenden Dialogs führen. Die Demonstration von Gewaltbereitschaft (→ Seite 182) hingegen ist in bestimmten Situationen eine sehr wichtige Erziehungshilfe.

GEWALTBEREITSCHAFT

In der HarmoniLogie erzielt bereits das Ankündigen von Gewalt den erwünschten Effekt, Gewalt selbst (etwa in Form einer Züchtigung) wird gegenüber dem Hund unter keinen Umständen ausgeübt. Entscheidend ist, dass die Bereitschaft, aktiv zu werden, eindrücklich übermittelt wird. Die Stärke dieses Signals hängt dabei ganz wesentlich von der Präsenz (→ rechte Seite) des Menschen ab.

HARMONIE

Was schon für die alten Griechen galt, hat auch in der Partnerschaft von Mensch und Hund seine Bedeutung nicht verloren: das Streben nach Harmonie, nach Einklang, Übereinstimmung und einem Miteinander, das auf Vertrauen und Zuneigung gründet. Harmonie zwischen Mensch und Tier bedeutet auch, dass beide Seiten sich in die Beziehung einbringen und sie lebendig erhalten und so angenehm und entspannend, aber auch immer wieder neu und aufregend erleben. Für die HarmoniLogie ist Harmonie das Ziel, das aber nicht nur im Großen, sondern bei jedem Ausbildungsschritt erreicht werden kann.

HILFESTELLUNG

Hilfen und Hilfestellungen erleichtern dem Hund das Lernen und können den Fortschritt der Ausbildung bei vielen Lektionen erheblich beschleunigen und absichern. Zum Einsatz kommen dabei sowohl Bewegungen, Handzeichen und unterstützende Lautsignale wie auch bestimmte Objekte (Lernzubehör und Spielgeräte). Die Hilfen für den Hund haben eine begleitende Funktion während der Ausbildung. Wenn der vierbeinige Schüler zur Lösung gefunden hat und den Weg dahin wiederholt gehen kann, wird die Hilfestellung eingeschränkt oder entfällt ganz.

KOMMUNIKATION

Die Kommunikation zwischen Mensch und Hund sollte sich auf leise, klare und reduzierte Signale beschränken. Der leise und feine Umgang miteinander fördert die Aufmerksamkeit und Konzentration und die Bereitschaft zum Zuhören – auf beiden Seiten. Laute und aggressive Töne hingegen führen zu Distanz und Ablehnung. Das gilt ganz besonders für ein Tier wie den Hund, dessen Gehör selbst feinste Schwingungen wahrnimmt. Die Kommunikation ist ein interaktiver Prozess, der vom Engagement und den Reaktionen der Gesprächspartner abhängig ist.

KRAFTVERZICHT

Die HarmoniLogie arbeitet ohne Krafteinsatz. An der Hundeleine zu zerren, sollte für jeden Halter tabu sein. Die Kraft, die der Hund dem Menschen gegenüber einsetzt, darf gehalten, aber nicht überwunden werden. Das mag manchem Hundefreund als kleiner und vernachlässigbarer Unterschied erscheinen, aber genau dieser kleine Unterschied entscheidet darüber, ob Ansprüche mit Macht und ohne Rücksicht auf die Bedürfnisse des Tieres durchgesetzt werden oder ob intelligentes Handeln zu einer gemeinschaftlichen und harmonischen Lösung führt.

KRITIK

Kritik und die Fähigkeit zur Kritik stellen eine Einheit dar. Die Kritik am Hund hilft, Fehler zu beschreiben und dem Schüler verständlich zu machen. Kritik muss immer konstruktiv sein, um den Hund zu motivieren und zum erwünschten Verhalten anzuregen. Eine gute und situationsbezogene Kritik fördert seine Kritikfähigkeit. Kritik hat niemals strafende Funktion, und sie sollte immer freundlich, höflich und sachlich vorgebracht werden.

LEKTION
Die Lektion umfasst eine Lehreinheit. Sie kann aus einer Einzelübung oder mehreren Lernschritten bestehen. Neben den Basislektionen, in denen etwa Herkommen und Ablegen gelehrt werden, gibt es Lektionen mit komplexen Anforderungen wie das Apportieren oder die Zirkuslektionen.

LOB, AKTIVES
Durch freundliche Stimmlage und langsames Abstreichen des Gesichts erfährt der Hund eine proaktive, positive Ansprache seines menschlichen Partners. Auf diese Weise erzeugt man aktiv Harmonie, nach der ein Hund bald süchtig im besten Sinne ist. Auch die kleinen Erfolge im Training dürfen gerne mit einem großen Lob unterstützt werden.

LOB, PASSIVES
Das passive Lob akzeptiert die Handlung des Hundes wortlos und signalisiert ihm so: »Was du gerade machst, ist okay.« Dieses Hinnehmen ist generell eine positive Bestärkung für den Hund. In manchen Situationen stört oder unterbricht ein aktives Lob die Aktion oder Interaktion. Hier gilt dann: Reden ist Silber, Schweigen und passiv loben ist Gold.

PARTNERSCHAFT
Ziel der Partnerschaft zwischen Mensch und Hund ist der achtsame und respektvolle Umgang miteinander, der die Bedürfnisse beider Seiten berücksichtigt. Auch Zweckpartnerschaften wie etwa mit Diensthunden können und sollen emotional sein.

PILOT
Der Hundehalter wird auch als Pilot bezeichnet, um seine verantwortliche und steuernde Funktion zu verdeutlichen.

PRÄSENZ
Seine Präsenz sichert dem Menschen die Aufmerksamkeit des Hundes. Ein Halter oder Trainer kann den Hund nur erreichen und ansprechen, wenn er präsent und ihm wichtiger ist als alle Reize und Ablenkungen von außen. Präsenz bringt nicht jeder mit, aber man kann sie erarbeiten. Präsenz bedeutet positive und überzeugende Ausstrahlung.

RESPEKT
Respekt ist die unverzichtbare Grundlage jeder Beziehung im Allgemeinen und jeder Liebesbeziehung im Besonderen. Der Respekt voreinander sorgt dafür, dass die Persönlichkeit des Partners unangetastet bleibt und die Beziehung frei von Ängsten und Zwängen ist. Gelebter Respekt bedeutet in der Beziehung zum Hund, seine Bedürfnisse und Rechte anzuerkennen und eine individuelle Distanz zu wahren. Das harmonische und friedliche Miteinander in einer Herde, einem Rudel oder der Familie basiert ausschließlich auf Respekt und Vertrauen.

STÖRUNG
Eine Störung sorgt dafür, dass der Hund von seinem aktuellen Verhalten abweicht. Auf die unerwünschte Handlung des Hundes folgt eine negative Störung durch den Halter, zum Beispiel ein Warnton in der Gelbphase (→ Ampelprinzip, Seite 67). Auch das Lob stellt oft eine Störung dar, da es die Konzentration unterbrechen kann.

WILL TO PLEASE
Der angeschlossene Hund (→ Seite 180) hat den Wunsch, seinem Herrn zu gefallen. Bei manchen Hunderassen ist der »Will to please« schon im Welpenalter stark ausgeprägt und erfordert keine besondere Anleitung.

REGISTER

Halbfette Seitenzahlen verweisen auf Fotos.
U1 = Umschlag vorne, **U4** = Umschlag hinten

E

F

G

H

I

J

K

L

M

N

O

P

ADRESSEN UND LITERATUR

VERBÄNDE / VEREINE

Fédération Cynologique Internationale (FCI), Place Albert 1er, 13, B-6530 Thuin/Belgien, www.fci.be

Verband für das Deutsche Hundewesen e. V. (VDH), Westfalendamm 174, 44141 Dortmund, www.vdh.de

Österreichischer Kynologenverband (ÖKV), Siegfried-Marcus-Str. 7, A-2362 Biedermannsdorf, www.oekv.at

Schweizerische Kynologische Gesellschaft (SKG/SCS), Postfach 82 76, CH-3001 Bern, www.hundeweb.org

Deutscher Tierschutzbund e. V., Baumschullallee 15, 53115 Bonn, www.tierschutzbund.de

Interessengemeinschaft Deutscher Hundehalter e. V., Auguststraße 5, 22085 Hamburg

Deutscher Hundesportverband e. V., Gustav-Sybrecht-Str. 42, 44536 Lünen, www.dhv-hundesport.de

Industrieverband Heimtierbedarf e. V. (IVH), Emanuel-Leutze-Str. 1b, 40547 Düsseldorf, www.ivh-online.de

Forschungskreis Heimtiere in der Gesellschaft, Postfach 11 07 28, 28087 Bremen, www.mensch-heimtier.de

IEMT Schweiz, Institut für interdisziplinäre Erforschung der Mensch-Tier-Beziehung, Postfach 12 73, CH-8032 Zürich, www.iemt.ch

IEMT Österreich, Institut für interdisziplinäre Erforschung der Mensch-Tier-Beziehung, Margaretenstraße 70, A-1050 Wien, www.iemt.at

Berufsverband der Hundeerzieher/innen und Verhaltensberater/innen e. V. (BHV), Eichenweg 2, 65527 Niedernhausen, www.bhv-net.de

Anschriften von Hundeclubs und -vereinen können Sie bei den vorgenannten Verbänden erfragen.

Für Fragen zu Haltung und Gesundheit von Heimtieren:

Tierärztliche Vereinigung für Tierschutz e. V. (TVT), Geschäftsstelle: Bramscher Allee 5, 49565 Bramsche, www.tierschutz-tvt.de

Institut für Tierschutz und Verhalten, Tierschutzzentrum, Bünteweg 2, 30559 Hannover, www.tierschutzzentrum.de

Schweizer Tierschutz (STS), Dornacherstr. 101, CH-4008 Basel, www.tierschutz.com

Österreichischer Tierschutzverein, Kohlgasse 16, A-1050 Wien, www.tierschutzverein.at

BPT – Bundesverband praktizierender Tierärzte e. V., www.smile-tierliebe.de
Über das Online-Tierärzteverzeichnis des BPT finden Sie Tierärzte in Ihrer Nähe.

Fragen zur Haltung von Hunden beantworten

Ihr Zoofachhändler und der Zentralverband Zoologischer Fachbetriebe Deutschlands e. V. (ZZF), Tel. (06 11) 44 75 53 32 (nur telefonische Auskunft möglich: Mo 12–16 Uhr, Do 8–12 Uhr), www.zzf.de

REGISTRIERUNG VON HUNDEN

Wer seinen Hund vor Tierfängern und dem Tod im Versuchslabor schützen will, kann ihn hier registrieren lassen.

Deutsches Haustierregister,
Deutscher Tierschutzbund e. V.,
Baumschulallee 15, 53115 Bonn,
www.deutsches-haustierregister.de

TASSO e. V., Abt. Haustierzentralregister,
65784 Hattersheim am Main,
Tel. (0 61 90) 93 73 00, www.tasso.net,
E-Mail: info@tasso.net

Internationale Zentrale Tierregistrierung (IFTA),
Weiherstr. 8, 88145 Maria Thann,
Tel. (00 800) 43 82 00 00 (kostenlos),
www.tierregistrierung.de

KRANKENVERSICHERUNG

Uelzener Versicherungen, Postfach 21 63, 29511 Uelzen, www.uelzener.de

AGILA Haustierversicherung AG, Breite Straße 6–8, 30159 Hannover, www.agila.de

Fast alle Versicherungen bieten auch Haftpflichtversicherungen für Hunde an.

ZEITSCHRIFTEN

Der Hund. Deutscher Bauernverlag GmbH, Berlin

Partner Hund. Gong Verlag, Ismaning

Das Deutsche Hundemagazin. Gong Verlag, Ismaning

Unser Rassehund. Hrsg. Verband für das Deutsche Hundewesen e. V., Dortmund

Dogs. Gruner + Jahr, Hamburg

HUNDE IM INTERNET

www.aktiv-mit-Hund.de Infos rund um die Erziehung des Hundes
www.brh.info Website des Bundesverbandes für Rettungshunde
www.die-schaeferin.de Homepage der Autorin und Schäferin Anne Krüger
www.ferien-mit-Hund.de Urlaub und Reisen mit dem Hund, Ferienwohnungen
www.graue-schnauzen.de Vermittlung von älteren Hunden
www.haushueter.org Urlaubsbetreuung
www.hunde.com Infos rund um den Hund
www.hundezeitung.de Neues über Hunde
www.lieblingstier.tv Filme über Heimtiere
www.spass-mit-Hund.de Tipps und Infos zur Beschäftigung mit Hunden
www.tierfreund.de Tierforum
www.tiermedizin.de Infos und Wissenswertes zu tiermedizinischen Fragen

BÜCHER, DIE WEITERHELFEN

Feddersen-Petersen, Dorit: **Hunde und ihre Menschen.** Franckh-Kosmos Verlag

Hegewald-Kawich, Horst: **300 Fragen zur Hundeerziehung.** Gräfe und Unzer Verlag

Hegewald-Kawich, Horst: **Hunderassen von A bis Z.** Gräfe und Unzer Verlag

Krüger, Anne: **Faszination Border Collie – Die Ausbildung der Arbeitshunde am Vieh.** Kynos Verlag

Krüger, Anne: **Faszination Border Collie. Teil 1 und Teil 2.** Lehrfilme.
Bezug über: www.die-schaeferin.de

Krüger, Anne: **HarmoniLogie, der neue Dialog mit dem Hund.** Lehrfilm.
Bezug über: www.die-schaeferin.de

Ludwig, Gerd: **Das große GU Praxishandbuch Hunde.** Gräfe und Unzer Verlag

Ludwig, Gerd: **Hunde Spiele-Box.** Gräfe und Unzer Verlag

McConnell, Patricia B.: **Das andere Ende der Leine.** Kynos Verlag

Schlegl-Kofler, Katharina: **Mein Hund macht was er will.** Gräfe und Unzer Verlag

Schlegl-Kofler, Katharina: **Das große GU Praxishandbuch Hunde-Erziehung.** Gräfe und Unzer Verlag

Stein, Petra: **Naturheilpraxis Hunde.** Gräfe und Unzer Verlag

Trumler, Eberhard: **Mit dem Hund auf du.** Piper Verlag

WICHTIGE HINWEISE

Die Haltungsregeln in diesem Buch beziehen sich auf normal entwickelte Hunde aus guter Zucht, also auf gesunde, charakterlich einwandfreie Tiere. Wer einen erwachsenen Hund zu sich nimmt, muss sich bewusst sein, dass dieser bereits wesentliche Prägungen durch den Menschen erfahren hat. Er sollte den Hund besonders genau beobachten, auch in seinem Verhalten zum Menschen; er sollte sich auch den bisherigen Besitzer ansehen. Stammt der Hund aus einem Tierheim, können Betreiber und Pflegepersonal oft Auskunft über die Herkunft und Eigenheiten des Tieres geben. Es gibt Hunde, die aufgrund schlechter Erfahrungen mit Menschen in ihrem Verhalten auffällig sind und vielleicht auch zum Beißen neigen. Diese Hunde sollten nur von erfahrenen Hundehaltern aufgenommen werden. Auch bei gut erzogenen und sorgfältig beaufsichtigten Hunden besteht die Möglichkeit, dass sie Schäden an fremdem Eigentum anrichten oder gar Unfälle verursachen. Ein ausreichender Versicherungsschutz ist in jedem Fall dringend zu empfehlen.

DIE FOTOGRAFIN

Angela Kraft ist seit frühester Jugend von Natur und Tieren fasziniert. Für die Tierfotografin ist ihr Beruf zur Berufung geworden. Neben ihrer Tätigkeit als Pressesprecherin im Wildpark Lüneburger Heide betreibt sie ihre eigene »Tierfotoagentur Lüneburger Heide«, die sich auf Tierfotografie, Tiergeschichten und Reportagen spezialisiert hat. Zahlreiche ihrer Veröffentlichungen findet man in namhaften Zeitungen, Magazinen und Büchern. Ihre Freizeit verbringt Angela Kraft gerne mit ihren Schäferhunden Kira und Mo und genießt die ausgedehnten Spaziergänge mit den beiden, wobei die Kamera selten fehlen darf. Tierfotos von Angela Kraft im Internet unter: www.kraft-foto.de und http://flickr.com/photos/kraft-foto/sets

Foto: Tanja Askani

IMPRESSUM

Programmleitung: Christof Klocker
Leitende Redaktion: Anita Zellner
Lektorat: Gerd Ludwig
Bildredaktion: Anita Zellner, Gabriele Linke-Grün
Umschlaggestaltung und Layout:
independent Medien-Design, München
Herstellung: Susanne Mühldorfer
Satz: Ludger Vorfeld
Reproduktion: Longo AG, Bozen
Druck: Firmengruppe APPL, aprinta druck, Wemding
Bindung: Firmengruppe APPL, m.appl, Monheim

Printed in Germany

ISBN 978-3-8338-1367-2

1. Auflage 2008

Unsere Garantie

Alle Informationen in diesem Ratgeber sind sorgfältig und gewissenhaft geprüft. Sollte dennoch einmal ein Fehler enthalten sein, schicken Sie uns das Buch mit dem entsprechenden Hinweis an unseren Leserservice zurück. Wir tauschen Ihnen den GU-Ratgeber gegen einen anderen zum gleichen oder ähnlichen Thema um.

Liebe Leserin und lieber Leser,

wir freuen uns, dass Sie sich für ein GU-Buch entschieden haben. Mit Ihrem Kauf setzen Sie auf die Qualität, Kompetenz und Aktualität unserer Ratgeber. Dafür sagen wir Danke! Wir wollen als führender Ratgeberverlag noch besser werden. Daher ist uns Ihre Meinung wichtig. Bitte senden Sie uns Ihre Anregungen, Ihre Kritik oder Ihr Lob zu unseren Büchern. Haben Sie Fragen oder benötigen Sie weiteren Rat zum Thema? Wir freuen uns auf Ihre Nachricht!

Wir sind für Sie da!
Montag – Donnerstag: 8.00 – 18.00 Uhr;
Freitag: 8.00 – 16.00 Uhr
Tel.: 0180-5 00 50 54*
Fax: 0180-5 01 20 54*
E-Mail:
leserservice@graefe-und-unzer.de
*(0,14 €/Min. aus dem dt. Festnetz/ Mobilfunkpreise können abweichen.)

P.S.: Wollen Sie noch mehr Aktuelles von GU wissen, dann abonnieren Sie doch unseren kostenlosen GU-Online-Newsletter und/oder unsere kostenlosen Kundenmagazine.

GRÄFE UND UNZER VERLAG
Leserservice
Postfach 86 03 13
81630 München

GRÄFE UND UNZER
Ein Unternehmen der
GANSKE VERLAGSGRUPPE